图 3.1 手绘写实效果图

图 3.2 水粉底色法快速绘制产品草图

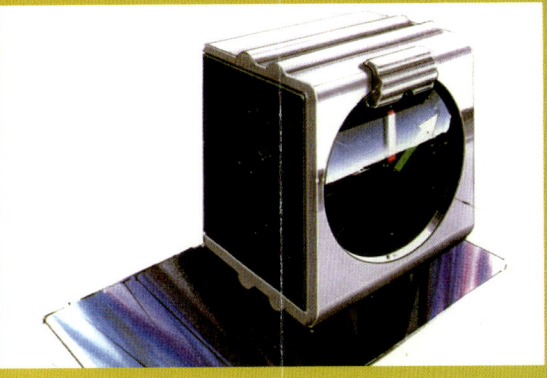

图 3.3 清水吉治用马克笔和色粉绘制的产品草图

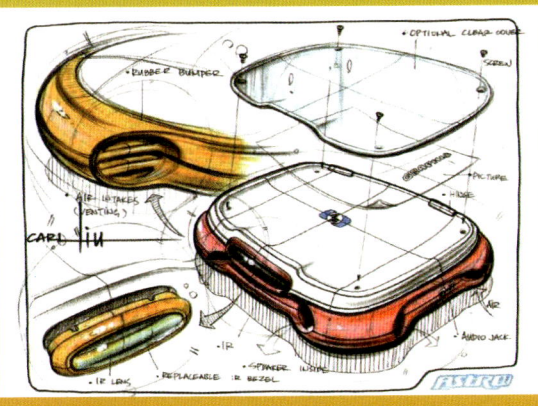

图 3.5 马克笔和彩铅绘制产品草图

图 3.24 多彩色的儿童玩具

图 3.4 彩铅绘制产品草图

图 3.23 轮椅设计

图 3.6 数位板绘制产品草图

图 3.27 激光打标机色彩设计

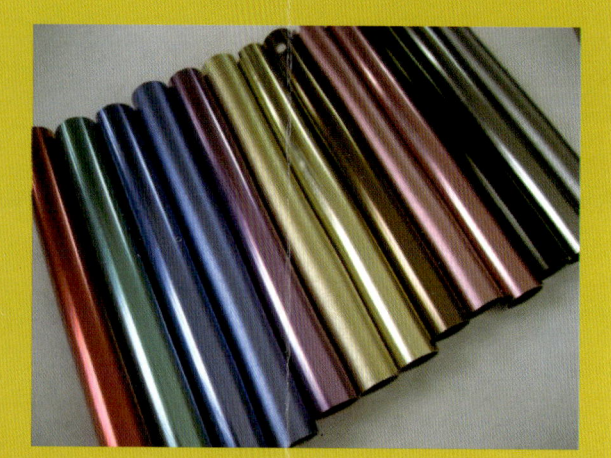

图 3.62 阳极氧化

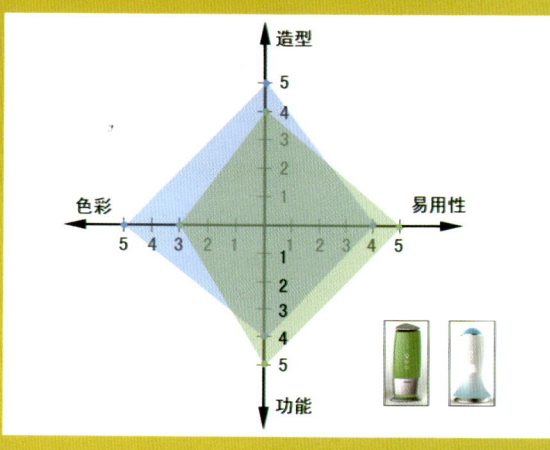

图 4.9 坐标法

天塔·石蜡灯

并蒂莲·调料罐

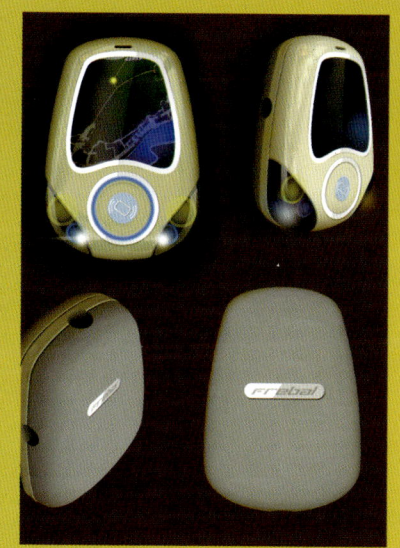

车载读卡器 　　　　　金刚音箱 　　　　　臭氧发生器

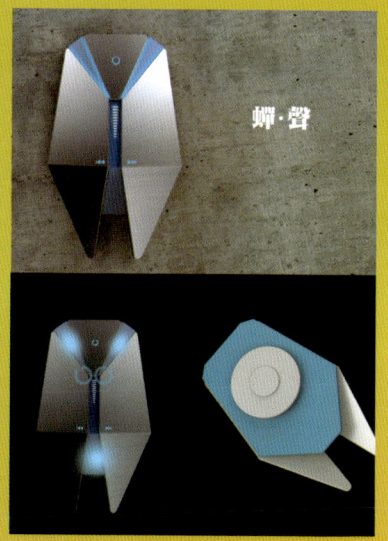

共振音箱 　　　　　旋·音箱 　　　　　树杈坐具

曲别针笔

空气净化器

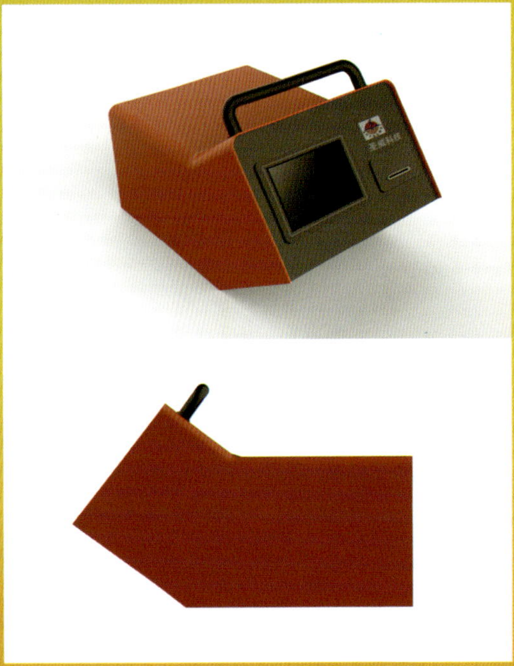

龙奖杯

尾气检测仪

汽车充电桩

电动自行车

干燥机

普通高等院校"十二五"规划教材

产品设计——创意与方法

Product Design——Originality and Method

主　编　白仁飞

副主编　张峻霞　甄丽坤

国防工业出版社

·北京·

内 容 简 介

本书以设计创意方法介绍和产品表现方法综述为主要内容,系统阐述了一件作品由创意到实现的整个过程。内容包括现代产品设计理念、创造性思维与方法、产品表现、产品造型设计、产品工程设计基本知识以及产品的推广与评价等,希望向读者传达正确的设计方法与理念。在最后的章节中结合大量的实际案例,直观介绍并验证了书中所讲的相关理论知识,使设计理论具有了较强的可操作性。

本书可以作为工业设计、产品设计类专业学生的教材,也可以作为设计师在产品设计实践过程中的参考书。

图书在版编目(CIP)数据

产品设计:创意与方法/白仁飞主编. —北京:国防工业出版社,2016.2

普通高等院校"十二五"规划教材

ISBN 978-7-118-10561-2

Ⅰ.①产… Ⅱ.①白… Ⅲ.①产品设计 – 高等学校 – 教材 Ⅳ.①TB472

中国版本图书馆 CIP 数据核字(2016)第 012047 号

※

国防工业出版社出版发行

(北京市海淀区紫竹院南路 23 号 邮政编码 100048)
腾飞印务有限公司印刷
新华书店经售

*

开本 787×1092 1/16 插页 2 印张 9¼ 字数 207 千字
2016 年 2 月第 1 版第 1 次印刷 印数 1—4000 册 定价 32.00 元

(本书如有印装错误,我社负责调换)

国防书店:(010)88540777 　　发行邮购:(010)88540776
发行传真:(010)88540755 　　发行业务:(010)88540717

工业设计专业系列教材
编审委员会

编委会主任： 张峻霞（天津科技大学）
任家骏（太原理工大学）

编委会副主任： 吴凤林（太原理工大学）
马 彧（天津工业大学）
刘宝顺（天津商业大学）
王新亭（天津科技大学）

参 编 人 员 （按姓氏笔画排序）：
王小云（太原理工大学） 王云芳（太原理工大学）
王时英（太原理工大学） 尹 欢（太原理工大学）
白仁飞（天津科技大学） 刘 骧（天津职业技术师范大学）
刘富凯（天津职业技术师范大学） 刘慧喜（太原理工大学）
李娟莉（太原理工大学） 宋 晰（太原理工大学）
张 琳（太原理工大学） 张 琳（天津科技大学）
胡 平（天津科技大学） 胡艳华（天津科技大学）
赵 静（太原理工大学） 赵佳寅（天津职业技术师范大学）
赵俊芬（天津科技大学） 姚静媛（太原理工大学）
彭 婧（太原理工大学） 樊 慧（太原理工大学）

前言

随着科学技术进步和社会经济的发展,产品同质化现象越来越严重,工业设计作为一种提升产品附加值和体现产品差异化的有效手段,在社会经济链条中发挥着重要的作用。在建设创新型社会的宏伟蓝图下,工业设计也必将成为社会发展的强大驱动力。

工业设计是一门综合的边缘学科,涉及美学、工程技术、心理学、社会学、经济学、材料科学等诸多学科,任何一门学科的发展演变都会对工业设计的理论、内涵和表现形式产生深远影响。所以,工业设计学科的发展是一个动态的不断变化的过程,特别是新时期经济文化环境的变迁以及人们审美观和消费观的变化必然会映射到学科的发展轨迹中来。这就要求设计专业的从业人员尤其是设计教育工作者必须以历史的眼光来审视专业的发展进步,不断完善和深化设计理论,并从相关学科的发展中吸取经验,为工业设计专业更好地服务于社会经济的发展贡献力量。

工业产品设计教程纷繁复杂,涉及面广,归纳总结殊为不易,且依据设计深入程度的不同造成了与其紧密相关的学科知识也会有较大差异。本书着重于介绍工业产品设计过程中的创意设计部分,全书共分为5章。第1章是产品设计的准备阶段,介绍了产品设计的基本概念和发展简史,以及现代产品设计的重要理念;第2章是产品设计的创想阶段,介绍了产品市场调研和定位,重点罗列了常用的设计创意方法;第3章是产品设计的执行阶段,概括介绍了产品表现形式和产品造型设计的基本原则;第4章介绍了产品设计推广与评价的相关知识;第5章通过分析具有代表性的例证,结合不同类型的产品设计,从侧面印证了本书的设计理论和设计方法。

《产品设计——创意与方法》一书可以作为工业设计(工科)、产品设计(艺术)以及相关学科专业学生学习的参考用书,尤其对于想了解产品设计创新思维方法的学生,具有较大的参考价值。通过本书的理论学习,可以使学生具备初步的创意设计思维,掌握一般的造型设计方法,为以后的专业学习打下基础。本书在编写过程中得到了天津科技大学机械工程学院张峻霞教授的大力支持,无论从教材选题还是确定编写思路,张老师都提出了很多宝贵意见。另外,天津工艺美术职业学院工业设计系甄丽坤老师也为本书的编写提供了大量相关资料,保证了编写内容的完整性。在此,对以上老师的付出表示衷心感谢!同时,限于编者的理论水平和专业能力,本书难免有纰漏之处,敬请读者不吝指正。

编者

2015.5

目录 Contents

第1章 产品设计的准备工作 1

1.1 产品设计概述 1
1.1.1 产品设计的基本概念 1
1.1.2 产品设计的发展规律 2
1.1.3 产品设计的重要作用 5

1.2 现代产品设计 6
1.2.1 现代产品设计的特点 6
1.2.2 人性化设计 8
1.2.3 通用设计 10
1.2.4 绿色设计 12
1.2.5 交互设计 13

第2章 产品设计的创想阶段 15

2.1 市场调研 15
2.1.1 市场调研的作用 15
2.1.2 市场调研的方法 17

2.2 产品定位 17
2.2.1 产品定位的作用与方法 18
2.2.2 影响产品定位的因素 18

2.3 创造性思维与方法 20
2.3.1 联想法 20
2.3.2 群体发想法 27
2.3.3 信息列举法 29
2.3.4 类比法 34
2.3.5 TRIZ 理论 40

第3章 产品造型设计综述 62

3.1 产品表现 62
3.1.1 产品设计草图 62
3.1.2 产品设计效果图 65
3.1.3 工程制图 67
3.1.4 产品模型制作 68
3.1.5 三维动画和虚拟现实的应用 72

3.2 产品造型设计 74

  3.2.1 产品设计的形式美法则 ·· 74
  3.2.2 设计语义学与造型设计 ·· 84
 3.3 产品工程设计 ·· 89
  3.3.1 产品结构设计 ·· 89
  3.3.2 产品设计中的人机工程学 ·· 104

第4章 产品设计的推广与评价 ·· 107

 4.1 产品推广 ·· 107
  4.1.1 市场调查和产品定位 ·· 107
  4.1.2 设计管理的重要性 ·· 108
  4.1.3 产品的营销策略 ··· 109
 4.2 设计评价 ·· 111
  4.2.1 设计评价的原则 ··· 111
  4.2.2 设计评价的方法 ··· 118

第5章 产品设计实例 ·· 121

 5.1 电子类产品设计 ··· 121
  5.1.1 车载读卡器设计 ··· 121
  5.1.2 音箱设计 ·· 122
  5.1.3 车载空气净化器设计 ·· 124
  5.1.4 臭氧发生器设计 ··· 125
  5.1.5 共振音箱的设计 ··· 126
  5.1.6 旋·音箱 ·· 127
 5.2 文创类产品的设计 ··· 128
  5.2.1 并蒂莲·调料罐 ··· 128
  5.2.2 天塔·石蜡灯 ·· 129
  5.2.3 儿童坐具设计 ·· 130
  5.2.4 文具设计 ·· 131
  5.2.5 "中华龙舟大赛"奖杯设计 ······································· 133
 5.3 装备类产品的设计 ··· 134
  5.3.1 汽车尾气检测仪设计 ·· 134
  5.3.2 交流式电动汽车充电桩的设计 ·································· 135
  5.3.3 电动自行车设计 ··· 136
  5.3.4 低温薄层干燥机设计 ·· 138

参考文献 ·· 140

第1章 产品设计的准备工作

对于设计类专业的学生来说当谈到产品设计的时候，很多的人脑海中就会出现形态各异的产品形象，当然，产品背后还会站立着一个个设计师形象，这些或许都是学习设计史的时候养成的记忆习惯。以人物或事件为主线，以代表性的产品讲解为主要内容，设计史的这种编排方式固然有它的好处，譬如可以作为标记去记住历史中某个时段的代表人物和代表作品。下面需要思考一个问题，这些提炼过或者抽象化了的"代表作"或"代表人物"真的能够反映设计的本质和规律吗？答案是否定的！那些符号化的人物和设计只是一个标签而已，如果想真的摸清设计的规律和原则，仅仅研究这些"经典设计"是不够的，而要深入到大众生活中去，深入到历史的肌理中去，于平凡人的平凡设计中去找寻设计的规律，去发现这一时期的设计所赖以生存、发展的土壤。

上面所述的目的是要说明，作为一种文化现象，产品设计是有其历史性的，是流动的而没有固定的模式和概念，任何一种妄图一劳永逸去定义它的做法都是不恰当的。本书以这样一种形式作为开场白，是为了说明本书并不是一本说教性质的教材，而是力图让读者带着自己的思索主动参与到本书的阅读中来，这个过程中可以带有一定个人色彩的批判。如同设计一件产品一样，在整个过程中，每个人都有表达的权利，而最终的产品结果则是所有人意见的合集！

1.1 产品设计概述

1.1.1 产品设计的基本概念

本书将产品设计定义为一种综合的信息整合过程，如图 1.1 所示。在这个概念中，有三个值得关注的关键词，分别为"综合""信息"和"整合"。"综合"能够充分反映产品设计专业的交叉性和边缘性的特点。就产品设计概念的交叉性来说，最常见的争论起于"艺术"和"工程"，殊不知二者的良好结合才是专业的内在要求。当然，若说产品设计反映着一个时代的经济、技术和文化虽然有点大而空的意思，却恰恰说明了它的综合性的特点。"信息"是什么？可以理解为各种设计要素，包括线条、色彩、机构、材质、界面、符号语义、人的需求、文化特点等，这些信息都可以称为设计对象。产品设计的目的就是有效组织这些信息，使他们以美好的形象展示出来，这个形象就是我们所看到的产品的整体观感。注意是观感而非造型，造型只是产品的一个载体，而观感可能要包括更多深层次的东西，比如交互方式，比如文化特质等。最后一个关键词"整合"，代表的是设计的程序和方法，整合不是一个简单的动作，而是一种缜密的思维方式，是一个科学的过程。做设计如烹饪，要各个过程有条不紊，各种主材配料缺一不可，还要把握火候和时间，这不但要看设计师的个人素质，更要遵循一定的程序和方法，严谨求实，又要有个人魅力的发挥。这才是设计，而非艺术创作！

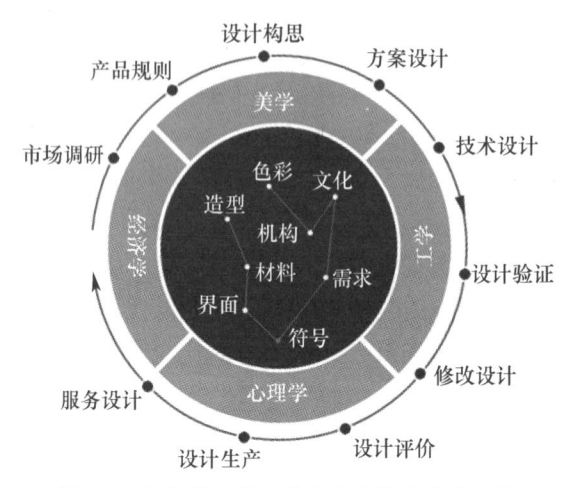

图 1.1　产品设计是一种综合的信息整合过程

最重要的一点，产品设计一定要有创新，创新是生命的原动力，是推动历史的助力器。没有创新，人们就不能看到那些玲琅满目的产品，就不能享受到那些新技术所带来的便利，而产品也就没有办法体现他的历史文化特性。当 20 世纪 80 年代末那些移动电话的第一批拥趸拿着"大哥大"高谈阔论的时候，应该不会想到如今"果粉"们所推崇的 iPhone 那令人陶醉的交互体验和简约时尚的外观(如图 1.2 所示)。而现时代的我们在怡然自得摇着手机搜索身边的微信好友的时候，是否能想到未来的科学技术会把我们的生活带往何方？所以说，这是一个开放的时代，产品设计是一个开放的专业，大家也要以一个开放的姿态来进行学习，才能够体会到这个过程所带来的乐趣。

图 1.2　"大哥大"与 iPhone 手机代表了通信电子产品发展的两个时代

1.1.2　产品设计的发展规律

古人说，"以史为鉴，可以知兴替"，大致说的是历史的学习对于我们的指导意义。产品设计的历史是每一个设计系学生的必修课，可以让我们了解设计的发展脉络并预知其发展趋势，其意义就在于此。但就像本书开篇时候所说的，学设计史，要发掘它所反映出来的设计规律和本质，而不是背诵那些代表作、代表人物和历史事件。

产品设计的发展，主要受到产业经济、科学技术、文化条件的制约，下面分别予以阐述。

(1) 产业经济。经济基础决定上层建筑，经济是一个绕不开的话题。就以批量生产为特点的产品设计来说，其真正的萌芽状态是工业革命兴起后对设计的真诚呼唤。工业设计源于工业的发展和商业的兴起，是为经济发展服务而产生的。而且一开始并没有工业设计师这样一个合适的角色，他往往脱胎于其他行业，比如建筑师，工艺美术师等。在我们所熟悉的"包豪斯"时期，那些带来一场场设计变革的大师们的真实身份往往是建筑设计师或平面设计师，产品设计师不过是他们的"业余角色"。总之，产业经济的发展使工业设计的出现具备了经济基础，工业批量化生产的需要使社会的分工越来越细，产品造型设计(工业设计一开始就是以单纯造型设计的身份出现的)得以成为社会分工的一个环节独立出来。而商品经济的繁荣和同类产品竞争的加剧，使工业设计越来越成为一种有效的竞争手段。在以后的时间里，工业设计的存在价值不断得到加强，并在不同的行业里继续分化并呈现出不同的表现形式，尔后职业设计师出现了，专业的设计事务所(设计公司)出现了，不同的国家和地区也依据自身情况纷纷制定了相关政策，工业设计的发展走向多元化。同时因为经济发展的不均衡，工业设计的发展也是不均衡的，放眼世界上的设计中心几乎均处在经济发达地区，这也正印证了经济要素在设计发展中的决定性作用。由此我们或可期待，中国经济的飞速发展必然带动设计产业的快速跟进，这将会是一个令人振奋的愿景。

(2) 科学技术。科学技术是第一生产力！历史的经验告诉我们，每一次的产业革命，必然是因为有更先进的科学技术的出现，他是推动社会经济发展的源动力。不仅如此，新科技的出现会带来生产工具的变革，新的机构，新的材料，新的技术手段都可以对设计产生影响。比如，机械工业的发展使产品的批量化生产成为可能，这直接促成了真正意义上的工业设计的出现；塑料的出现使产品造型方法发生了翻天覆地的变化，之前一切由于材料和加工手段的限制所设置的藩篱被打破。而由于塑料制品优良的着色能力，这使得产品的色彩设计被提升到了相当重要的地位；电子产品的出现更印证了技术在改变人类生活中的引领作用，一时间，电脑芯片被植入到任何家电产品与消费电子产品中去，使他们具备了超常的数据处理能力以及智能化的运行方式。但这还不够，"物联网"的出现志在把信息产业带入到一个新的天地，成为继计算机、互联网之后的第三次发展浪潮。彼时，"物联网"将应用到我们日常生活中的方方面面，物品之间可以自由进行信息的交流，消费者在使用这些物品的时候将会获得更加充分和美妙的体验，如图 1.3 所示。

但科技的发展带给人类的并不全是福利，如果处理不好，负面影响也是巨大的，所以说科技发展是一把双刃剑。首当其冲的便是环境问题，这个问题由来已久，所以催生了绿色设计理论。绿色设计是一个大而化之的概念，存在于众多的学科领域，尤其在工业设计领域内，绿色设计是一个重大的课题。不过需要说明的是，绿色设计不是简单的"3R 原则"，而是一个系统设计，这个系统包括着社会文化的诸多方面，是一个良性社会环境内在的诉求，而不是一些设计师应景和略带矫情的设计创作，也不是设计理论家们发乎笔端，无法实施的纸上谈兵。当然绿色设计的真正实现也要有赖于新科技的出现。

图 1.3 "物联网"的应用

(3) 文化。其实从某种程度上来说，产品设计是一种文化现象。如果说经济发展是其存在的基础，科技进步是其发展的内驱力，那么文化条件则是其以面示人的气韵和形象。文化是有历史性和地域性的，这也就不难理解设计史中会有那么多形形色色的产品设计风格，那些风格的形成固然有技术条件和生产条件的制约因素，但文化所施加的影响才是持续的和本质的。设计历史犹如河流，文化影响譬如河堤和水中砂石，河流沿堤而行，绕石而过，随势赋形，又不屈不挠，或改道，或漫堤，或摧枯拉朽大浪淘沙，或锲而不舍滴水穿石，文化影响和规范着设计，而设计也改变和颠覆着文化。

同时要说明的是，文化是渗透到设计皮肤肌理中去的，而不是徒有其表的装饰。设计师要研究一件设计作品所体现出来的文化要素，不能只看表面，而要如庖丁解牛一般，"依乎天理，批大郤，导大窾"，方能"手之所触，肩之所倚，足之所履，膝之所踦，砉然响然，奏刀騞然，莫不中音"，方能达到"道"的境界，而超越技法。所以，开发具有传统文化特色的产品设计，必须要了解传统文化的精髓所在，去了解那些文化现象的因果关系，而不是直接套用传统图案元素，做一些毫无意义的工作。如图 1.4 所示，这件"折扇时钟"的设计则不仅仅是套用了"折扇"的形式，而是将其形式、功能以及产品的内涵进行了融合。

图 1.4 "折扇时钟"的设计

1.1.3 产品设计的重要作用

如果把产品生产定义为一个"生态系统"的话，那么产品设计是其中至关重要的一环，缺少这一环节，整个系统就会面临崩溃。从这个意义上说，产品设计是一个连接节点，起到了一个纽带的作用，如图1.5所示。

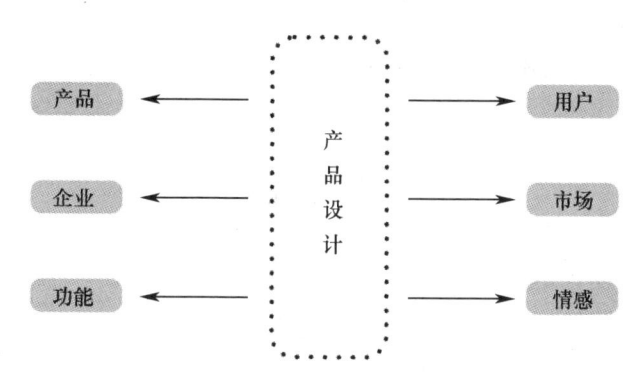

图 1.5 产品设计是产品"生态系统"中的连接纽带

(1) 产品设计是产品与用户之间的连接。一件产品凭什么能够赢得用户的好感？第一要能够准确抓住用户的需求点；第二要把这个需求点进行精彩的阐述并表现到产品中去；第三要把这个需求点通过产品有效地传达给用户。这些都是产品设计所要完成的工作。所以，我们通过设计市场调查去定位用户的需求，通过设计程序与方法去翻译用户的需求，通过设计语义和交互设计去传达用户的需求，都是很重要的事情。

(2) 产品设计是企业与市场之间的连接。这是前一个观点的延伸，一个企业有了好的产品设计，生产了好的产品，就能赢得好的市场，从而实现经济效益。这也是工业设计进入企业竞争策略的一个台阶，亦即产品生产中技术条件趋于同质化的境况下，企业若想取得竞争上的优势，将工业设计纳入企业核心竞争力是一个有价值的手段。然而，要想做一个好的产品设计并不是那么容易的事，企业中的产品设计开发不仅要符合企业的产品战略，还要从产品的功能、结构、外观等各方面进行综合布局，设计过程中还要考虑产品的制造成本、运输成本，又不能损失卓越的功能性和独特的美学价值。一个好的产品设计还应该是企业的流动广告牌，应该能够承载企业独有的文化内涵和形象气质，能够演绎出符合企业策略的产品基因并传承下去。

(3) 产品设计是功能与情感之间的连接。产品设计早已走过单纯的功能至上的时代，现代产品设计的消费者们除了对产品功能上的诉求之外，情感诉求日益重要，尤其是在那些与人们的生活息息相关的产品上，如家电、消费电子、家居用品等。为什么要有情感诉求？一方面是人机间信息交流的需要；另一方面由于社会的发展与变迁，人们的生活状态发生了变化，就像互联网的崛起改变了人类聚居的群落形式和交流方式一样，信息化、智能化和带有人类感情色彩的温情产品逐渐受到了人们的青睐。怎么实现产品的情感诉求？这并不是一个全新的课题，早在第二次世界大战中，那些研究武器的工程师们为了方便士兵在坦克和飞机的操作中减少疲劳和进行有效战斗，力图从人—机—环境的角度解决问题，人机工程学悄然兴起，及至战后到如今，人机工程学越来越多地运用到民用工业中，形成了"以人为本"的重要设计思想。当然这还只是第一步，产品只是被动地为人们提供身体上和行为上的方便。20世纪80年代，交互设计应运而生，旨在定义产品的行为方式并且规定传达这种行为的有效形式。简言之，产品有了更大的主动权去进行信息和行为的表达，它与使用者之间的关系更加密切了，甚至成为了使用者生活中不可或缺的角色。如果对这个问题有疑虑，大家不妨想想那些机不离手，无论吃饭、走路、上厕所、坐公交，都忙得不可开交的"手机控"们，真的是单纯功能上的需要吗？未必！

1.2 现代产品设计

1.2.1 现代产品设计的特点

这是一个相对的概念，如前所述，产品设计是有历史性的，不同的时代必然呈现不同的特色。因为社会经济在发展，技术在进步，文化也在变迁，从制约设计发展的三个要素中，也可以分析出现代产品所能够体现出的特点。

(1) 现代产品设计是以"人"为中心的设计。在前面谈到了由于人机工程学的出现，人们越来越关注以"人"为中心，强调从人自身的生理、心理出发对产品设计进行规划的方法。而人性化设计正是现代产品设计的重要特点。从后工业时代，信息化时代一路走来，产品设计的重点已不是单纯的功能主义，也不是纯粹的造型漂亮和便于使用，而是越来越多关注人的行为方式、心理感受和情感诉求，是一种积极的"体验设计"。我们或者通过美妙的造型、怡人的色彩、温暖的材质迎合人们潜藏的心理诉求；或者通过完美的功能开发设计，给人们以无微不至的亲切关怀；或者通过生动的界面设计和新颖的交互方式开启人们积极的情感体验；或者通过缜密的细节设计和机构设计满足障碍人群的特殊需求……如果愿意，人性化设计是一个可以上升到人文关怀和设计伦理的话题！当然，最关键的一点是，为什么会出现人性化设计？这就要说到"马斯洛需求理论"。

美国心理学家亚伯拉罕·马斯洛提出，人的需求可分成生理需求、安全需求、归属与爱的需求、尊重需求和自我实现需求五个层次，这五个层次的需求依次由低到高排列成金字塔形，如图1.6所示。根据马斯洛的需求理论，一般情况下，当较低的层次得到了满足后，人们就会受到行为驱使力量的作用去追求更高层次的需求，而一个国家和地区人们需求层次的高低是和该地区经济文化的发展，科技的进步和人们受教育的程度息息相关的。"人性化设计"所推崇的设计精神正体现了人类需求的较高层次，即对使用者的尊重，也在一定程度上反映了人类行为方式和心理活动的客观规律。

(2) 现代产品设计是崇尚创新的设计。工业设计从诞生之日起，就一直没有停止创新的步伐，但创新是分阶段和层次的，这与工业设计在社会经济中所处的地位是有关系的，跟工业设计的本质也是有关系的。从这个意义上来说，随着工业设计的发展和在社会经济发展中地位的不同，其创新的内容和实质也会有所不同。那么，就工业设计来说，创新都有哪些阶段？本书将之划分为造型上的创新、技术上的创新和人文上的创新，如图1.7所示。

图1.6 马斯洛需求理论

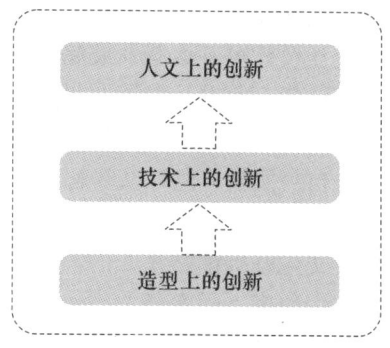

图1.7 工业设计创新的三个阶段

工业设计就是造型设计吗？当然不全是，造型设计只不过是工业设计的必要内容而不是全部。当然，工业设计源自于工艺美术行业，美术家们的争论也多见于风格和图样的纷争，而对工业设计的本质很少挖掘。直到工业革命后，商业的兴起导致了分工的细化，人们更加关注工业设计如何与新兴的设计对象——机械制品进行结合，由此产生了机器美学。虽如此，设计的任务还是停留在美学和造型上面，只不过造型和产品功能的关系得到了纠正。所以，在很长的时期内，工业设计等同于造型设计，其创新价值也体现在对造型的不断改变上。这里面最有名的设计实践便是美国战后的"有计划废止制"，他把工业设计在造型上的作用发挥到了极致。

技术创新包括产品的功能创新、机构创新甚至材料上的创新。工业设计的发展离不开科学技术的发展，科技的发展改变了设计的对象，也改变了设计的材料和手段。按设计对象出现的时间先后，可以排一个很长的名单出来，包括器皿、家具、机械装备、交通工具、家电、消费电子，直到如今盛行的交互界面。每一次设计对象的改变都意味着一次科学技术的变革。科技的发展改变着人们的生活方式，催生着新产品的出现，而工业设计则会生发出新的理论和主张去引领人们的生活方式和价值观念；以三维打印技术为代表的特种加工方式的出现将从根本上带来一场材料、设计和加工手段的变革。当设计师们还在为一件本来设计得美轮美奂的产品的分模问题愁眉不展，后来不得不听从结构工程师的建议进行改型时，三维打印技术则从根本上解决了这个问题：无需开模，直接打印！

从某个角度说，工业设计是一种关系的设计，是物与物、人与物，以及透过物理界面的人与人的关系的设计。翻开设计的历史，极尽装饰之能事而忽略了产品功能的"奢靡设计"有之，如清朝宫廷的家具设计；鼓吹功能主义而摒弃造型设计以至产品粗鄙不堪者有之，如工业革命后的机械化生产；当然也有颇具温情的设计，如风靡全球的斯堪的纳维亚风格。设计的"人文性"正体现于此。设计人文上的创新是设计不断接近其本质的必经之路。随着交互设计成为设计界研究的新领域，工业设计逐渐从物理化的实体设计转向虚拟的非物质设计。在这方面，苹果公司创造了引领潮流的新需求，很多人之所以成为苹果的铁杆粉丝，是因为通过使用苹果的产品，体验了一种新的交互方式，而这种体验正是其内心所需要的。

(3) 现代产品设计是更加多元的设计。多元非指设计风格上的多样化，而是指随着社会信息化的持续推进以及人们生活方式和生活态度的变化，工业设计呈现出多元化的发展趋势。这些发展趋势可包括人性化设计、通用设计、绿色设计、系统性设计、可持续设计、交互设计等。这些发展趋势并不是孤立存在，而是相互交叉，互为影响，共同组成了一幅现代工业设计发展图景。如人性化设计专注人与自然环境的和谐，这和绿色设计的宗旨不谋而合，而绿色设计的提出，正好迎合了可持续设计的构想，通用设计也在关注人的自身发展，也可以理解为人性化设计的一种，所以，各种设计趋势是不可分割，相辅相成的关系。至于为什么会出现这种局面？那是因为这些设计趋势所产生的社会基础和经济文化基础都是统一的，其诉求也具有一致性，只不过所偏重的对象以及对社会问题的关注角度不同而已。

总之，产品设计是一项具有时代特色的文化活动，涉及到了人类社会生活的方方面面，随着社会的发展，产品设计还会呈现出适合当时具体状况的新特点，要用发展的眼光来观察产品设计所表现出的社会现象，并由此领悟现象背后所蕴藏的事物本质。在下面的章节中，会着重介绍一下当前比较流行的设计趋势。

1.2.2　人性化设计

单从"人性化"的提法就能看出这是一种非常接近设计本质的概念。就目前来说，可以给人性化设计做如下定义：这是一种满足人类生理需求的设计，是一种尊重人类心理诉求的设计，是一种迎合人类情感追求的设计。这三方面缺一不可，共同构成了人性化设计三个层面的设计原则，如图1.8所示。

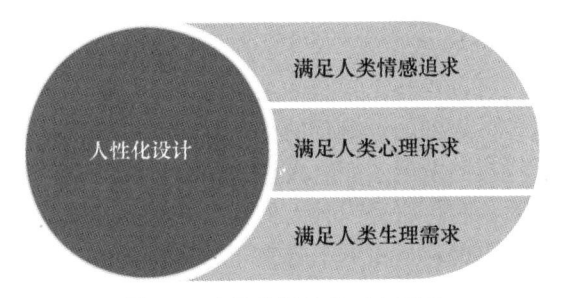

图1.8　人性化设计的三个层面

（1）生理层面。一件产品具备了某种功能，能够帮助使用者完成生理上的需求，更进一步说，这件产品除了必备的功能，还能让这个功能以恰当的符合人类操作习惯的方式表现出来，让使用者很轻松自在地去完成和满足所要的需求，那么，这件产品就可以说基本实现了生理上的人性化设计。比如一把剪刀的设计，依靠剪刀能有效把"薄片类"物体进行分割，说明它已完成了自己的基本功能。这是人类所需要的，因为我们的身体本身不具备这样的功能，如果用手撕一张纸的话则很难实现那么整齐的切口，而剪刀却可以实现。但这样还不够，人机方面设计不好的剪刀在长久使用下会给人的手部和腕部造成负担，因为它引导人们在使用的时候采用了不符合人类自然习惯的动作，这个时候怎么办？就需要对人手进行人机分析，分析人手的大小、形状以及最舒服的姿势，以分析的结果为基础，再用来指导剪刀的设计。如此一来，使用者再次操作剪刀的时候可能就会放松很多，生理上得到了更大的满足。从这个意义上来说，好的产品设计是人类肢体的延伸，人们靠着这些延伸的工具去完成肉体所不能达到的一些操作，就像北京奥运会上的"刀锋战士"皮斯托留斯一样，靠着假肢和正常人一起并肩奔驰在短跑赛场上，并取得了不俗的成绩。如图 1.9 所示，即是一把符合人类手部操作状态的园林剪刀设计，其刀头下垂的设计非常符合使用者腕部的形态。

图 1.9　符合人机工程学的园林剪刀设计

(2) 心理层面。对于产品，我们往往不能单单满足于功能上的实现，还希望能得到心理上的慰藉和尊重，方便和舒适不是最终目的。比如老年人手机的普及，盲人手机的出现，正体现了产品设计对于障碍人群的人文关怀，如图 1.10 所示。在这方面，平等性是我们需要贯彻始终的一个设计准则，这体现了无障碍设计的一些原则，而无障碍设计正是人性化设计的最强有力的表现形式，它们之间本来就是密不可分的。再比如一些优秀的医疗器械的设计，为了使患者克服就医时的恐惧心理，这些器械的造型设计往往使用柔和的线条和整体性的布局设计，或者伪装成人们所司空见惯的能给使用者的心理带来安定的器具，如一张舒适的座椅或者单人床等，同时避免让病患看到那些令人恐惧的终端设备，如探头、刀具等。而作为操作者的医护人员也希望藉此设计能够提高工作效率，降低疲劳的同时能有愉快的体验。人机工程学和设计心理学是设计师获取使用者心理信息的重要理论依据。但这还不够，作为设计师的我们要有足够敏锐的设计神经，关注社会的变迁和人们生活方式的变化对人类心理和情感所产生的影响，并不断从生活中去提取和凝练设计要素。

图 1.10　盲人手机的设计

(3) 情感层面。情感诉求是心理需求的延伸，二者同属一体又有所侧重。情感诉求可说是心理需求的一个提升和升华。从这个层面上说，产品便不单是一件具备良好功能的器物，而是可以给人以寄托，能够给人带来更多生活体验的"伴侣"；也不单是一件具体的产品，而是一个可以联结万千产品的纽带，一个借以融入某个社区的终端，一个可以在可预期的未来仍能够发挥作用不离不弃的"忠实朋友"。这就不单是一件产品设计了，而是一种依托产品而呈现出来的关系设计。人类是群居动物，离不开自然关系和社会关系，基于对这种人类特点的本质诉求，产品设计也得到了升华。而人类的情感是多元和不断发展的，我们必须以一种可持续的设计思维去应对这千变万化的需求。以电脑产品设计为例，一开始是大而笨的显示器和主机，后来是薄而轻的显示器和主机，再后来是一体机和笔记本电脑，笔记本越来越轻薄甚至省略了键盘，轻薄化到了极致后他们开始注重交互体验，后来就是对软件设计和交互设计的重视程度第一次超越了产品外观，后面还有什么？或许是更深层次的体验？

如图 1.11 所示，这是一款可即时监测使用者身体健康状况的智能手环设计。其监测数据可以通过蓝牙同步到手机中，并由专门的 APP 软件进行控制和数据分析，使用者还可以通过网络与他人进行数据的分享。这个设计本身就超出了传统意义上工业设计的范畴，是一种可以数据共享的软硬件结合的设计，也是一种基于互联网的手机周边产品设计，满足了使用者多种层次的需求。

图 1.11 智能手环设计

总之，人性化设计要将科学、艺术和对人性的分析进行结合，人性化虽然看不到摸不着，但会使产品的价值和内涵得到提升，从而使产品充满活力。

1.2.3 通用设计

通用设计最初是在 20 世纪 80 年代由美国设计师 Ron Mace(朗·麦斯)提出，这是一种致力于将产品设计的结果最大限度适用于所有人群的设计理念，即设计产品既能为健全人所用，又能为能力障碍者所用。这种带有"普世思想"的设计思维曾被形象地称为

"全民设计"。实际上，他的核心思想是首先将所有人视为不同程度的障碍人群，即人在不同的环境中会体现出程度不同的障碍性。比如一个正常的外国人来到中国可能会面临生活习惯和语言沟通方面的障碍，而我们面对一个新产品的时候也会有操作不习惯等问题。这些障碍性阻碍了人与人、人与物之间的正常沟通，一个理想化的通用设计模型就会摒除这些障碍，让所有人的自我能力都能够得到释放。如图1.12所示为一个厕所的通用设计，该设计获得了2007年美国IDEA设计大奖。其概念重点在于力图同时满足不同特点人群的使用，包括正常人、残障人士甚至儿童等。

图1.12 通用设计理念的厕所

通用设计具有七个原则，下面分别加以论述。

(1) 公平使用原则。由于通用设计旨在通过设计让所有人都能够无障碍地使用，所以，公平性是第一原则。当然在现实生活中，能够满足所有人使用的产品是不存在的，这是一个相对的概念。但是可以通过设计师的努力，力图使产品尽量接近设计的这个原则，就可以最大限度上实现产品的实用性。

(2) 灵活使用原则。即设计要迎合不同人群的不同特点、爱好和能力，做到有多种使用可能的存在，让每个人都能够找到适合自己的产品体验通道。

(3) 简单和直观原则。要求设计出来的产品具有高度的易用性，让具有不同认知能力的使用者都能够快速直接地进行使用，而不受语言、知识水平和当前状态的影响。

(4) 信息传达最大化原则。要求产品具有很强的信息传达能力，无论使用者是否有感官的障碍，都能够把最核心和最重要的信息传达给使用者。

(5) 容错能力原则。假如使用者在使用产品的过程中存在误操作和不符合规定的动作，产品应能够将出错所造成的损失和伤害程度降到最小。

(6) 能量消耗最小化原则。设计应能保证使用者在操作过程中消耗较低的体力和脑力，舒适高效地完成任务。

(7) 足够的空间和尺寸原则。要求产品设计应能方便不同身高、姿态和肢体障碍者使用，并保证产品的使用效果。

通用设计的这七个原则相互联系，不可分割，而且里面有些原则又同样适用于其他的设计方法，比如(4)和(7)也同样适用于"无障碍设计"。那么通用设计和无障碍设计有些什么区别呢?

其实二者的本质含义是统一的。都是为了最大限度满足使用者,都是人性化设计思想的体现,都把残障人群作为设计重点关注的对象,可见,二者在设计范围和设计思路上是有较大交叉空间的。但二者又是区别明显的,主要体现在如下几个方面:

(1) 二者的设计宗旨不同。通用设计旨在通过设计满足所有人的需求,相比无障碍设计只针对特殊人群的设计思路更加具有包容性和系统性。如通过设计一些通用图形元素,可以使不同地域不同文化背景的使用者都能够正常理解,又如通过设计带有文字和盲文的楼梯扶手方便正常人和视障者同时使用;而无障碍设计则希望能在正常人的生活空间里为残障人士开辟出一个适合他们的生存空间。在这方面,无论是无障碍通道,还是残疾人厕所,都可以明确感受到设计师针对残障人士的精心设计。

(2) 二者的设计对象不同。通用设计的设计对象是所有可能使用产品的人群。这里面没有区别对待的概念,由于产品的适用对象广泛,通用设计对于问题的考虑会更为全面和系统;而无障碍设计的设计对象主要是针对残障人士,通过分析他们的行为心理特点,有针对性地进行产品设计。如果我们比较关注各类创意设计网站,就会发现针对残障人士的设计概念有很多,从盲人手机到针对盲人的打印机甚至盲人药盒,层出不穷,体现了设计师对残障人群的人文关怀。

(3) 二者产生的社会意义不同。通用设计的无差别化设计是一种理想状态。其积极的方面在于能够让残障人士在一定程度上消除由于身体差异所带来的悲观情绪,更好地融入和参与到现实社会生活中来;无障碍设计这种有针对性的设计能够通过了解和分析残障人群的特点,设计出完全符合他们身体特点的产品,为他们的生活提供切实的便利,使他们有信心通过自己的能力去实现自身的价值。

由此可见,通用设计和无障碍设计同样体现了设计师对障碍人群的人性化关怀,只不过设计思路和角度有所不同。二者应该相互借鉴,互相补足,以期通过设计的手段在一定程度上实现社会的和谐。

1.2.4 绿色设计

绿色设计同样兴起于 20 世纪 80 年代,源于人们对现代科学技术所造成的环境污染和生态破坏现象的反思。所以,绿色设计也叫生态设计或环境设计。如果硬要给绿色设计下一个定义的话,绿色设计是一种在满足产品功能和质量的前提下,着重考虑产品的环境效益的设计,即把产品的可回收性、可维护行、可拆卸性和可重复利用性作为设计的目标。简言之,要体现所谓的 3R(Reduce,Reuse,Recycle)原则,即减少污染和能源消耗,保证产品的可回收和循环利用。

绿色设计体现了设计师的职业道德和社会责任心。科技的发展是一把双刃剑,它在给人类生活创造了诸多便利,改变了人类生活方式的同时,也加速了资源的消耗,并对人类赖以生存的环境产生了破坏。大气污染,水源污染,食品污染,尤其作为发展中国家代表的中国,在我们经济腾飞,社会发展的同时,环境污染正成为阻碍人们生活质量进一步提高的痼疾。而在这个过程中,工业设计的过度商业化成为了改变人们消费观念,造成资源浪费的重要媒介,在人类设计史中,最极端的表现便是美国的"有计划的商品废止制"。事实上,这种现象还在我们的社会生活中以其他的方式在重演。那么,作为设计师，该如何从自身做起，以最大限度遏制这种现象呢？以探究设计本质和设计师职责为宗旨的绿色设计或许是一个不错的选择。

绿色设计非指单一方面的设计，而是一个系统设计过程。它的主要内容包括绿色材料设计、绿色制造设计、绿色包装设计、绿色物流设计、绿色服务设计、绿色可回收设计等多方面。亦即一个完整的绿色设计过程要从产品的规划、设计、材料选择、制造、流通以及回收等多方面进行考虑，这涵盖了一个产品的整个生命周期，所以是一个系统设计。

绿色设计是一种先期设计的思维，即在设计之初就要对产品的整个生命周期进行规划设计，常用的绿色设计方法有模块化设计、循环性设计、可拆卸性设计、组合设计等。

如图 1.13 所示即是一种模块化设计案例——优耐美安全迷你多功能组合机床。这是奥地利一家公司的优秀产品。该产品可以通过设计划分出一系列的功能模块，不同模块之间可以自由组合，从而能够生成不同类型的产品，满足不同的功能需求。模块化设计是绿色设计的重要设计方法，它可以有效地解决产品设计中的诸多矛盾，非常方便产品的更新换代，这种方法已应用到我们日常生活的方方面面。其他的设计方法在这里不多做介绍，感兴趣的读者可以查阅绿色设计相关的教材进行深入了解。

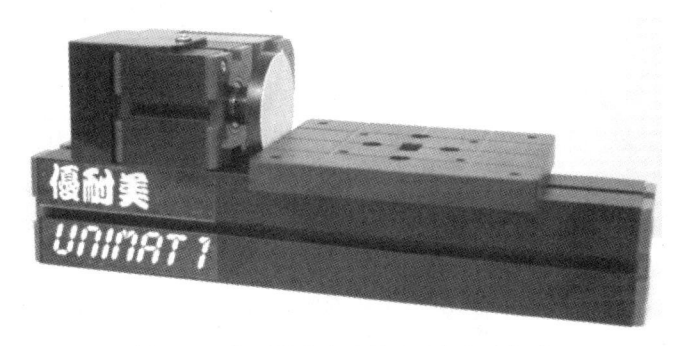

图 1.13　优耐美安全迷你多功能组合机床

1.2.5　交互设计

这一节主要回答三个问题：
1. 什么是交互设计？

交互设计是人、产品、环境三者相互间的系统行为。它从用户需求的角度出发，致力于研发易用性的产品设计，给用户带来愉悦的使用体验。广义上来说，交互设计涉及到两方面的内容，首先是用恰当的方式规划和描述上述三个设计对象的行为方式，然后是用最合适的形式来表达这种行为方式。联想到现实生活中，一些大型的互联网企业通常会设置交互设计和界面设计(UI)两种岗位，其实是对交互设计的职能进行了人为的分割，界面设计作为一种交互设计的终端表达被剥离出来了。

2. 为什么要进行交互设计？

交互设计是随着计算机技术的发展而兴起的。作为 20 世纪最伟大的发明之一，计算机已经成为人们日常生活中必不可少的辅助工具和伙伴。如果说计算机在出现之初，作为一种专业的设备，只有受过专业训练的编程人员才能操作的话，那么发展到现在，我们已经进入了一种"泛计算机化"的时代。计算机芯片已经被植入人们日常生活中各种家电产品中，这就导致所有人都将成为计算机的终端用户。如何让没有任何专业知识的使用者都能够无障碍地操作机器成为一个必须要解决的课题。此时，交互设计应运而生，它源于人机工程学又超越人机工程学的范畴，逐渐形成了自己的专业特点和技术体系。

3. 如何实现交互设计？

交互设计要解决如下几个问题：第一，要先期定义产品的行为方式，这种行为方式必须是为用户所理解，且要有良好的易用性；第二，要有个性鲜明的界面设计来演绎产品背后的行为方式，并用用户可理解的方式进行表达；第三，掺入情感化元素，让用户在使用产品的时候能够得到心理和情感上最大限度的满足；第四，不断探索交互设计的新领域和新方式，把交互设计看作是连接人与产品、社会，甚至历史文化的纽带。

总之，交互设计自产生至今，其内涵和外延不断向前发展。它在结合不同学科专业的同时正展现出越来越多元的面貌。而且人的体验和需求是不断变化的，没有一成不变的交互方式，只有以发展的眼光来看待一个专业的变迁，才能够准确预见到产品未来的发展趋势。

如图 1.14 所示为早年微软推出的基于其"Surface Computing"技术的电子茶几设计，这个没有鼠标和键盘的平台完全靠触摸，就能轻松地实现各种不同项目的操作，如网页浏览、分享照片、电子签名等。其本质是一台具有较大显示屏的电脑，靠触摸技术来实现常规的操作。这种屏幕表面触摸技术已经越来越多地应用到了人们的生活中，如现在大行其道的大屏触摸手机，就使这种新型的人机交互方式为普通大众所熟悉，并逐渐延伸到其他电子产品中去。

图 1.14 微软推出的电子茶几

第 2 章　产品设计的创想阶段

现在，假如设计师已经有了一个设计课题或是受到了企业的委托，将要开展设计了，需要怎么开展？要分"两步走"。首先，要收集大量的相关设计资料，找出设计的切入点。然后，以此作为设计的突破口，运用设计创意方法进行设计概念的生发和创想。这一章主要涉及到以上两个方面内容的阐述，即市场调研、设计定位部分和设计创意方法部分。

2.1　市　场　调　研

市场调研是指运用科学的方法，有针对性地收集产品的相关资料和信息，并对所收集的内容进行归纳整理和分析，借以判断产品的供求关系和发展趋势，从而为企业制订正确的产品策略和营销策略提供依据的活动。所以说，市场调研是一种企业信息管理行为，是企业管理过程中不可或缺的组成部分。对于产品设计来说，合理有效的市场调研能够为企业的产品策略提供强有力的信息支持，避免因决策失误导致产品的市场营销问题。

2.1.1　市场调研的作用

简单来说，市场调研活动主要可以分为三个递进的过程。①收集资料，获取第一手的市场信息；②分析资料，发掘市场现状的成因和相关影响因素；③预测市场可能出现的变化趋势并指导公司未来产品决策。

重视市场调研并正确运用调研的结果是一个企业进行正确决策的关键因素，市场调研的作用主要体现在以下几个方面：

(1) 通过市场调研，企业可以了解到目前市场上同类产品的设计品质，掌握产品的市场定位和目标人群，明确产品的价格定位区间，了解同类公司的销售策略。只有通过细致的市场调研才能摸清产品销售所面临的具体环境，并指导公司制定有效的产品策略和营销策略，才能避免一些可能出现的失误。

对于产品设计来说，有一个好的前期调研，能够为产品的具体设计提供切实的参考。假如要设计一个儿童产品，不但要分析市场上同类产品的设计特点，还要就具体年龄段的儿童进行细致分析以确定产品的目标人群，甚至要调研儿童家长对产品的态度和购买习惯。通过分析，设计师就可以确定产品的设计方向。如设置带有教育和益智类的功能可以吸引家长的注意力；产品的造型要符合儿童的审美特点，可以是仿生设计或卡通造型；产品的色彩要鲜艳，明亮、温暖和让人快乐的色彩更符合儿童的色彩心理习惯；定价在百元以内既能保证产品的质量又在家长的购买心理许可范围之内⋯⋯

(2) 通过市场调研，结合社会经济文化的发展趋势，设计师还可以了解市场的可能变化走向和消费者的潜在需求，从而为公司开辟新的市场提供理论支持。市场的情况瞬息万变，专业的市场调研能够为产品市场把脉，因为对于一个企业来说，能否跟上市场变化的节奏并适时调整产品策略是企业成功的关键因素之一。

在这方面，曾经的手机产品第一品牌——诺基亚的衰落正印证了这一点，即公司的重大决策对于一个公司的生存和发展具有极其重要的影响。诺基亚统治了手机市场长达十几年的时间。后来由于对手机市场的一些误判，诺基亚的统治地位逐渐被三星公司等所代替，甚至一度出现了难以为继的局面。是什么原因将一个行业巨头击垮？激烈的市场竞争固然是一个重要的客观原因。但一切事情的根源则来源于公司内部，诺基亚一系列的失误决策就包括了对移动互联网时代的到来没有做好充分的准备而失去了智能手机的市场。如图2.1所示为2012年全球智能手机市场份额分布图。

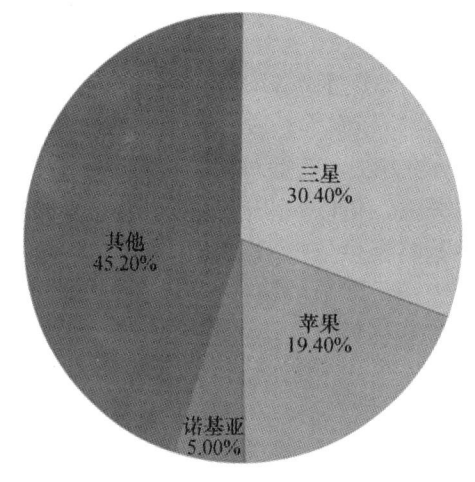

图2.1　2012年全球智能手机市场份额分布图

(3) 市场调研有助于了解当前行业内的新技术。技术进步是产品发展的核心力量，也是产品设计的重要参考信息，一个没有核心技术的企业是没有发展潜力的。但技术的进步日新月异，只有不断了解跟踪市场经济的发展动态和相关科学技术的发展，才能不断提高企业的核心竞争力，保证产品能够及时更新换代，为企业发展提供持续的动力。

还以IT产业为例，从以笨重的个人台式计算机为主的计算机时代发展成现在笔记本大行其道，只用了短短10年的时间(如图2.2所示)，而且这个速度还在加快。对于电子产品消费来说，拥有即意味着落后，这已是不争的事实。只是不知道在可预期的未来，我们的消费生活还会发生什么样的剧变。

图2.2　个人计算机的发展

2.1.2 市场调研的方法

市场调研以获取直接或间接的市场信息为最终目的，其调研的方法可以有很多种，主要是根据目前的交流手段、通信方式以及被访者的状态来进行分类。随着人们对市场调研的认识改变以及人与人交往方式的变化，市场调研的方法还会产生变化。就目前来说，市场调研的方法主要包括如下几种：

(1) 电话询问法。公司的调研人员通过电话访问的方式对被访者进行有计划的提问，以获取最直观的反馈信息。电话询问的优点是能够保证获取信息的直接性，被访者有较高的参与度。如果整个过程比较顺畅和愉快的话，调研人员还可以在与被访者交流的过程中获得更多额外丰富的信息。但电话访问会给被访者带来一定程度的烦扰，尤其是频繁接到电话访问的用户会对这种调研的方式产生逆反心理，因为没有预约的电话访问直接影响到了被访者的正常工作和生活。所以，在进行电话访问之前，调研人员应该采取措施避免被访者产生抵触情绪，比如提前预约，并选择恰当的时间进行访问。问题的提出也有很多技巧，要简短精炼，在保证调研结果的前提下，尽量缩短通话的时间等。

(2) 直接访问法。直接访问法是指调研人员直接进入被访者的家庭或工作单位，与被访者接触，通过直接访问或填写调查问卷等方式收集信息的过程。直接访问法相较于电话访问会更容易引起被访者的反感，所以在调研之前一定要与被访者进行沟通，得到允许后才能入户展开调研。这种方式更加直接，调研者会有更大的空间对调研的进程和结果进行控制。

(3) 随机调研法。随机调研一般指调研者在特定的场合，如车站、商场等人流密集的地方，通过随机拦截的方式对被访者进行调研。这种方式效率较高，可能会在较短的时间收集大量的信息，但由于其随机性，被访样本是否具有代表性无法得到验证，而且这种方式对于被访者来说较为唐突，他们是否表达出了真实的意向也有待商榷。所以，随机调研方法对于调查问卷的设置非常关键，什么样的问题既能涵盖调查的意图又能让被访者比较容易回答？这是需要重点考虑的问题。而且，调研的时候也要善于观察被访对象，尽量选择不同职业，不同年龄段以及不同性别的人群作为调研样本，才能保证调研结果具有较大的代表性。

(4) 在线调研法。在线调研是利用网络技术，收集免费信息和接收客户反馈的方法。在线调研有两种形式，一种为被动地查询网上的信息；另一种为主动给调研对象发送调查问卷以收集反馈信息。对于前者而言，网络上丰富的信息可以为公司的产品决策提供重要的参考，而且可以大大节约调研成本，但网络信息鱼龙混杂，其准确性不能保证；对于后者而言，由于调研过程是通过虚拟手段来完成，相较于面对面的调研方式，在线调研对信息准确性的把控力会差一些，这也间接影响了调研结果的科学性。

2.2 产品定位

设计产品，尤其是商业设计最终是要流入市场，进入消费者手中的。所以，设计师在设计产品的时候就要把市场的需求和消费者的需求作为设计前期重点研究的内容，这样才能保证有的放矢，使产品得到潜在市场和未来消费者的接受和欢迎。这些都是产品定位的内容，是在正式进入设计程序之前所应解决的关键问题，也是之前调研结果的重要应用之一。

2.2.1 产品定位的作用与方法

通过产品定位，可以不断强化公司产品的特点，从而确定公司的形象和在消费者心目中的地位，所以从这个意义上来说，产品定位是企业形象设计(CI)的一部分。而从产品销售的角度上来说，正确的产品定位能够保证消费市场对产品的接受度，如果搭配上好的产品营销策略，可以让企业的利润最大化。

那么，怎么进行产品定位？需要回答好如下几个问题：
(1) 我们需要满足谁的需求？
(2) 这些需求是什么？
(3) 怎么满足这些需求？

产品必须满足消费者的需求，所以就要对产品的目标消费群体进行调查和分析。通过调查目标对象的生活状态、行为习惯和心理特点等情况，力图找到消费者的核心需求。从一定意义上来说，对于一个消费行为，消费者的需求得到了满足，即表明该产品实现了消费者的某些利益。作为产品设计者和营销者来说，应该把产品定位建立在消费者的立场上，充分考虑消费者在产品上能够得到什么样的价值满足，而这种满足一旦具有了心理上的象征意义，那么就可以实现公司产品的品牌化。

2.2.2 影响产品定位的因素

影响产品定位的因素有很多，不同的产品，不同的市场环境以及不同的公司战略都会对产品的定位产生决定性的影响。下面就其中对产品定位影响较大的方面进行详细阐述。

1. 市场环境

产品的市场环境不仅包括产品所面临的目标市场，还应该包括产品竞争者在市场中的具体情况。只有熟悉目标市场对产品的具体要求，了解市场对产品的核心需求，才能有的放矢，设计生产出符合市场环境的成熟产品；而随着市场经济的发展，同类产品之间的竞争日趋激烈，其同质化程度越来越高，怎么在激烈的市场竞争中立于不败之地是每一个企业所要时刻面临的问题。产品定位就是要将企业自身所特有的优势融入到产品设计和品牌策略中去，创造出不同于竞争对手而又为市场所认可的个性化产品。这是赢得市场竞争的关键。

在现实生活中，三星电子的崛起是消费电子市场中最引人瞩目的事件之一，短短几十年的时间，三星电子已经从一个亦步亦趋的模仿者，变身为高端电子产品的引领者。是什么造成了三星电子的华丽转身？其中的一个重要原因是源于三星电子对外部环境的精准把握和对自己产品和品牌的清晰定位。三星电子拥有强大的研发实力和设计能力，其生产出的高档时尚产品能有效区别于竞争对手，并赢得了广大消费市场的认可。所以，一直以来，三星电子选择以"高端时尚"作为公司的品牌定位。围绕着这一定位，三星电子设计生产了一系列的成功产品。在手机设计领域，三星电子成为目前全球市场上最有能力"阻击"苹果手机的品牌之一，足可体现其强大的生命力。

2. 企业形象

企业形象是由企业的产品、服务、理念、文化、识别系统等构成的综合印象。企业形象的建立分为两个层面。第一层面体现于企业被社会所知晓的程度，即它的知名度。企业的知名度较好取得，可以通过各种途径，比如广告是最有效的手段之一。第二层面体现于社会和消费者对企业的认同程度上，即它的美誉度。企业的美誉度建立在知名度之上，但若想获得持久的美誉度并非易事，企业需要提供消费者足可信赖的产品和良好的服务甚至社会公益形象。

产品定位要和企业的形象相统一，二者是互为补充，相辅相成的关系。好的产品能够强化公众对企业形象和品牌价值的认同感，而良好的企业形象也会为产品的设计和营销定下基调，具体产品的定位要和企业的整体形象相协调。

一个好的企业都拥有令人称道的产品。中国的海尔能够从一个地方品牌走向世界正是靠着其过硬的产品设计质量。所以产品定位的好坏在一定程度上决定了一个企业品牌形象；无论产品定位还是企业形象定位都是为了和竞争对手形成差异化，从而取得竞争的主动。所以，二者是密不可分，互为贡献的关系；企业发展的不同阶段可能会有不同的产品定位，但无论是哪个阶段哪个产品的定位，都应该和企业的发展目标相统一，只有这样，企业形象才能成为产品销售的助推力，二者才能为着同一个目标形成合力；产品定位和企业形象定位之间是点和面的关系。企业形象给人以横向的整体感，是一个宏大而整体的印象，而产品给人以纵向的局部感，是一个细微而深刻的印象。在一个企业的生命周期内，二者互为补充，相互支撑，共同构成了企业的品牌形象。

3. 目标人群

目前，一个企业若想在激烈的市场竞争中拥有自己的一席之地，就要打造企业的核心竞争力，而核心竞争力的形成是和细分市场的分析确定以及以此为基础所制订的产品定位方案分不开的。由此可见，目标人群的确定和产品定位是有因果关系的，产品定位要受到目标人群需求的限制。

企业锁定目标群体，应该与企业的总体定位相关联，需要寻找与企业能够输出的服务有更多需求交集的目标消费群体，这个群体还要能够帮助公司达到预期的利益目标。当然，企业确定消费群体要基于大量的调研，包括对消费者年龄、喜好、收入、地域等诸多因素进行综合考量，才能筛选出符合企业战略目标和利益需求的目标群体。而目标人群确定之后，产品就要立足于能够满足目标人群的需求和企业的战略目标这两个方面进行定位。因为产品是联系企业和消费群体的纽带，好的产品既能赢得消费者的认可从而激发他们持续的消费热情，又能为企业谋得利益和好的口碑。

在这方面，以高端游客为主要目标消费者的奢侈品牌——路易威登(Louis Vuitton)即是一个很好的例子。他们注重品牌文化，其产品已经成为上流社会和高端品牌的一个象征。

4. 生产条件

在现实生活中，企业的生产能力和生产条件也成为制约产品定位的要素之一，这涉及到产品成本控制、企业技术能力等多方面的因素。一个好的产品设计要立足于现实条件，依托企业实际和具体的生产环境进行设计定位。每一个设计师都有切身的体会，很多设计方案没有投入生产不是因为设计概念的原因，而是受制于产品的成本核算和企业的生产制造能力。当然，这也和公司的整体战略息息相关。苹果公司能够不计成本，用尽办法将其产品最大限度标准化和优质化，正是源于苹果公司不断追求完美的产品理念，也正是它不断变革，用创新去关注与更新用户体验的精神实质。

但更多的公司尤其是中小型公司不得不在成本和产品质量之间艰难抉择。所以，更多的时候，在二者之间寻找一个平衡点，才是最行之有效的方法。产品定位受生产条件所限制的例子并不鲜见，此时更需要设计决策者综合考虑企业所面临的问题和要达成的目标，做出正确的决断。

2.3 创造性思维与方法

创造是设计的核心和灵魂，没有创新精神的设计不是合格的设计。而创新并非无迹可寻，我们可以归纳总结出一整套的创新思维方法用来进行创造的发想。作为一名设计工作者，必须掌握行之有效的创新思维方法，才能在工作中游刃有余，自觉控制创造的过程，而不是单纯依赖转瞬即逝的直觉和灵感。本节将列举若干常用的创造性思维与方法，希望能对读者有所启发。

2.3.1 联想法

从哲学的角度上来说，任何事物都不是孤立的，而是相互联系的。我们所生存的世界是一个相互联系的整体，正因为如此，我们可以由此及彼，在两个毫不相关的事物间建立创意上的联系。在人类的创新思维方法中，联想思维是一种基本的思维形式和方法。这种思维往往基于形象思维的方式，是指人们在头脑中通过某种媒介从一种的事物联想到另一种事物的思维形式。而能够产生联系的两个事物之间必然存在共同的特点或共同的规律，正是这个共同点和规律成为了我们进行联想的媒介和桥梁。

当进行创意发想的时候，如何寻找和掌握得以引发联想的媒介，是创意活动能否进行下去的关键所在。所以联想是一种带有逻辑思维特点的思维方式，而不单单是靠直觉就可以实现的。在联想的过程中，必然要借助个人的生活经历作为联想的源头，同时辅以丰富的想象力，才能完成这一思维的运动过程，即由记忆的影像而达于想象，由想象而达于另一个具有逻辑性的感性形象。那么，如何利用记忆与想象，寻找那些引发联想的媒介呢？下面介绍几种联想设计方法：近似联想法、对比联想法、因果联想法。

2.3.1.1 近似联想法

如前所述，两个事物之间能够建立联系，有赖于二者有着共同的特点或规律，那么这个共同点和规律就是他们的近似之处。近似联想是最常见的联想设计方法。比如设计花洒，可以由其洒水的状态联想到下雨的现象，由下雨联想到密布的云层，由此可见，我们可以从云朵上提炼造型元素来设计花洒的造型，至少，这是一个设计的方向。而从造型设计的角度来说，设计一个云朵造型的花洒并无不妥之处，是因为二者之间具备一定的设计语义上的关联，这种关联正是我们要寻找的共同点。再比如，自行车的出现衍生出了很多其他产品，室内健身车就是一例。二者的共同点显而易见，最大的不同体现在，自行车可以在骑行的同时发生位移上的改变，而健身车则不改变位移，这个区别是由产品的功能性所决定的。自行车是一个代步工具，在骑行过程中必然要求改变位移，这是它的核心诉求，骑行的动作只不过是这为了实现这个诉求而运用的手段；而健身车的诉求在于借助骑行的动作实现健身锻炼的目的，所以，骑行的动作本身在整个产品系统里更为核心和关键，自然健身车不要位移的改变。

这样的例子还有很多，由固定电话联想到移动电话，由火柴联想到打火机，由飞鸟联想到飞机，由蜂巢的结构联想到一种节省空间的包装形式等。运用近似联想可以让我们的创新思维有迹可循，也为设计工作者提供了一种进行创意发散的有效方法。下面介绍两种运用近似联想进行创意设计的具体方法：

1. 资料收集法

资料收集法是根据设计的要求进行相关素材的整理，并从这些资料中提炼设计思路，寻找灵感的方法。这些相关的素材包括产品目标人群的生活形态资料、产品的使用情境资料、类似产品的概念资料、与产品有关联的其他产品的资料等。通过利用这些资料制作一张情景故事版，设计者可以从这些资料中寻找到设计的要点，由于这些要点根植于相互关联的资料合集中，所以必然有其合理性和必然性。

下面以一个针对年轻女性的概念手机产品的设计来阐述一下这个方法的运用。在具体设计之初，需要搜集以下几个方面的资料图：

(1) 搜集年轻女性的生活状态的图片。这些图片涵盖的范围比较宽泛，包括女性日常工作生活当中的各种状态，反映了她们最真实的生活侧面。这些素材可以街拍，也可以利用互联网进行在线搜集。这样做的目的是为了充分了解设计产品目标人群的生活形态，力图将所设计产品"无缝"地融入到她们的生活中去，符合目标人群的生活特质和体验感受。这个思路似乎很抽象，但设计师要用敏锐的观感去找寻目标人群的生活形态与拟设计产品之间有关联的蛛丝马迹，就像一个侦探去寻找一个复杂案件的线索一样，这个过程充满了挑战和乐趣。

如图 2.3 所示是已搜集的目标人群生活场景图片，包括了她们日常生活中的多个片段，有居家生活、工作状态、购物习惯、旅行等。每一种生活形态都体现了年轻女性饱满的生活热情。如果我们从中提取设计关键词的话，可以是细腻的、温情的、安静的等。这就为将要展开的设计定下了基调。

图 2.3 目标人群(年轻女性)生活场景图片

(2) 搜集目标人群在使用手机时的生活状态。通过这些状态的整理，去捕捉她们在使用产品时的行为习惯、表情动作、心理感受等。这些素材同样可以从各种渠道去获得，无论如何目的都只有一个，那就是获得最真实最具有指导意义的产品使用情境。因为这些情境饱含着诸多关键的设计要点，这些要点足以决定一个产品的存在状态和使用状态，如图2.4所示。

图2.4　目标人群(年轻女性)使用产品(手机)时的场景图片

通过对图中手机使用场景的分析，可以找到更加迫切地需要解决的问题，那就是如何定位她们与手机之间的关系？可以确信的是，女人与手机的关系和男人与手机的关系有着很大的不同，她们会注入更多的个人情感在这个产品上。在她们眼中，手机并不是一个简单的通信工具而已，而是朋友，是恋人，是生活伴侣！这是一种很微妙的感情，也许并不适用于我们选择的所有目标人群的样本，但至少是一种普遍意义上的规律，这种规律可以从前面搜集的图片上读取出来。她们在使用手机的时候绝不是一种"公事公办"的状态，而是赋予了这个过程以更多个人情感，这种使用体验有其独特性。

(3) 尽可能寻找那些能够给人带来"亲近感"与"依赖感"的事物，以期传达出目标人群对产品所期待的感情诉求。这些图片会带给我们更多设计的细节信息，设计师可以从中提取具体的设计元素用来表达期望当中的感觉。这个环节要做的工作会更加具体和琐碎，但也是离设计最近的一个环节。

如图2.5所示，是已经选择的能够给人以亲近感的事物，这些事物并没有特定的范围，都是我们身边经常可以见到的。这些图片为什么会给人以亲近感？需要从这些事物中提取哪些带给我们这种感官体验的设计元素？包括线条、比例、色彩等诸多方面。当然，也要始终牢记前面每个环节所总结出来的设计要点，以便不断校正设计思路和设计方向。最终，可以总结出来的关键词包括圆润的、温婉的、可爱的、灵巧的、优雅的等。每一个具体的关键词都可以确定为一个设计方向，由此可以获得四五个设计方向，接下来再参考其他的限制要素对设计方向进行提炼，最终确定一两个方向进入草图绘制阶段。

图2.5 能够产生"亲近感"的事物图集

以上展示了资料收集方法的实现过程。不过要提醒大家的是，这种方法的运用并没有一个具体的规范，设计师可以根据自己的具体情况和个人习惯对这种方法进行改进与调整。我们的目的是藉由这些图片引发联想思维，从而一步步接近设计的本质需求。

2. 心智图法

心智图法是一种较为流行的全脑式创意方法。通过将一些核心概念或关键词以网状连线的方式组织起来，得到一张形象、易懂的网状图。在具体实施的过程中，可以从一些核心的关键词或图像入手，连接与之相关的其他关键词或图像，然后再以新的关键词作为出发点进行发散，直到引入更多外部概念与中心关键词进行联想，以此来激发想象力，寻找创意点。现以一个具体的例子来演示一下这种创意方法的具体运用。

下面是一个灯具设计的实例，如果运用心智图法进行分析的话，首先要确定其核心关键词——灯。其他关键词依次展开如图2.6所示。

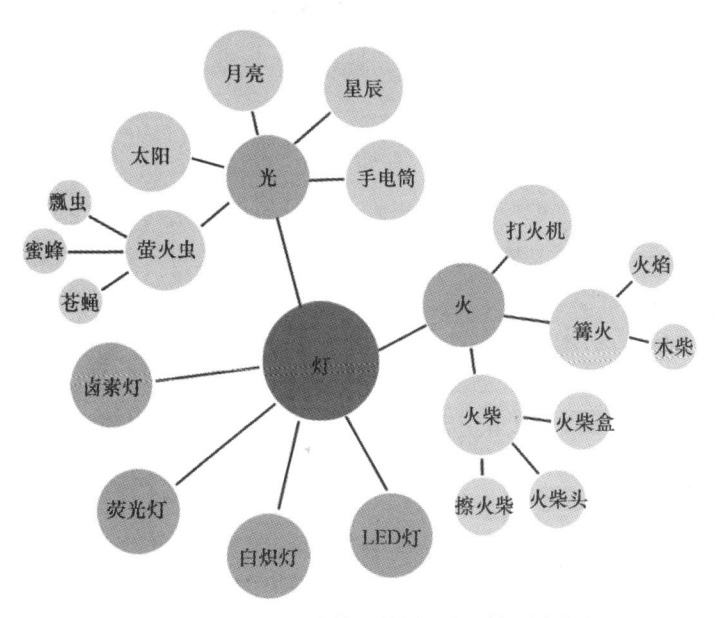

图2.6 以"灯"为核心关键词的联想分析图

通过网状图的分析可以寻找到很多与"灯"有关联的关键词，这些关键词可以是名词，也可以是动词和形容词，每一个关键词都可以为设计提供一种思路。因为这些关键词是被递次推理出来的，所以它们与设计的目标物——灯具有着内在的关联性，亦即有设计语义上的关联性。这可以保证具体的设计作品在造型和内涵上不会脱离灯具给人造成的印象，更容易让人接受，这种设计方法能够保证设计作品不会脱离产品的功能和其精神实质。

心智图法的合理运用可以让枯竭的设计思维重新找到设计的源泉，这种方式是主动的，经常可以给人带来惊喜，尤其适用于礼品设计，家居用品设计等设计门类。如图2.7所示为一款启瓶器的概念设计，设计的思想即是采用了心智图法。藉由开启瓶盖之"拧"的动作，联想到了"拧开"水龙头的情境，从使用方法和设计语义的角度都能产生较强烈的关联性。而这样做最直接的好处就是，可以让使用者仅仅依靠生活经验和本能就可以顺利对产品进行操作。

图2.7　水龙头造型的启瓶器设计

2.3.1.2　对比联想法

对比联想法是藉由具有相反特性的事物或相互矛盾对立的事物之间所进行的联想思维活动。所谓"相反相成""物极必反"，对立的事物之间并非没有关联，而是条件允许的情况下可以相互转化。

而对于设计创意活动来说，通过对比联想，则可以独辟蹊径，找到解决问题的另一途径。同时，在一件设计作品中刻意设置两种矛盾对立的元素则是众多设计师经常使用的方法。这种元素可以是形式上的，如方与圆、大与小、曲与直等；也可以是色彩上的，如黑与白、红与绿、黄与紫等；或者是肌理感觉上的，如冷与暖、细腻与粗糙等；当然还可以是理念上的，如自由与禁锢、欢喜与悲伤、保守与张扬等。

对比联想在艺术设计创作过程中具有极其重要的意义。恰当运用对比联想，可以产生两种结果：①可以设计出具有突破性和创新意义的产品形式、结构或者解决问题的方式；②可以在设计作品本身中体现出具有矛盾冲突的元素，如形式、色彩、肌理等，使整个作品呈现出较强的表现张力。

如图 2.8 所示，是一款硅胶材料的"饭碗"设计。对于"饭碗"等器皿，人们的固有认识是"用陶瓷、金属、塑料等较硬的材料制成的用来盛放食物的东西"。所以，就材料属性上来说，必得是坚硬的材料才能胜任这样的工作。但这件设计则反其道而行之，采用硅胶材料进行代替，由此带来了使用方式上的变革。因为对于这样一个"软饭碗"来说，外出旅行或野餐的话，既不怕摔坏，也体现了便携性，并有效节省了空间。

图 2.8　硅胶制成的"软饭碗"

如图 2.9 所示，是一款冰块造型的灯具设计，出自芬兰设计师 Harri Koskinen。设计师创造性地将"冰块"与"灯"这两个具有矛盾意义的事物结合到一个产品里，彻底颠覆了人们的使用体验。当然，此处的"冰块"并不是真实的，而是通过其他材料模拟出了"冰块"的感觉。

图 2.9　芬兰设计师 Harri Koskinen 的灯具设计

很多看起来"出其不意"的设计都是经由对比联想的方法创作出来的，除此之外，一些颇具哲理和带有批判色彩的设计也多包含了对比联想的思维在里面。如图 2.10 所示的名为"禁锢"的灯具设计，则是取意于代表"禁锢"的鸟笼，和代表"自由向往"的鸟儿两个形象，在一件作品中表达了强烈的矛盾冲突。

图 2.10 "禁锢"灯具设计

2.3.1.3 因果联想法

因果联想法是以一种显而易见的现象或结果为基础，通过各种手段去发掘其原因的过程。对于设计创作来说，因果联想是一种重要的方法，是一种由表及里，透过现象寻找本质的过程。而一旦找到现象的本质，就相当于拿到了一把开启创意之门的钥匙，就可以推而广之，生发出更多具有实际意义的创意想法。

举一个简单的例子。众所周知，声音是由物体的振动产生的，但最初的时候人们熟悉的往往是现象，即各种各样的声音，以及声音带给他们的或愉悦或焦躁或恐惧的感觉。及至人们发现了声音的原理，就开始利用这个原理去有目的地制造产品，如乐器、电话、音箱等，无论哪种形式的产品，都与声音的原理密不可分。如图 2.11 所示，列举了部分大家比较熟悉的跟声音有关联的产品。

图 2.11 跟声音有关联的产品设计

由现象到原理再到现象，是一种典型的因果联想进行创造的方法，这是个螺旋上升的过程，因为由原理衍生出的"现象"会比最初的"现象"更有目的性。仿生设计的方法也多是运用了"因果联想"思路，后面会专门进行介绍。而随着设计者对相关"原理"的理解不断深入，会不断推出更多更好的产品，或者针对某一类产品的推陈出新，这就出现了现象的"迭代"，这也可以看成是螺旋上升的一种。比如传统音箱的传声过程都是经过振动器振动发声外加纸质鼓膜喇叭发声相结合的方式，而近几年才开始流行的"共振音响"则是采用振动介质发声的原理。从工业设计的角度来说，由于其原理发生了变化，必然导致了产品造型设计、体积大小、材质等一系列造型元素的改变和重组。传统音响和共振音响的对比如图 2.12 所示。

(a)   (b)

图 2.12　传统音响(a)和共振音响(b)的造型

由此可见，因果联想是一种发现事物规律和原理的有效方法，对于我们来说，要在找到和掌握原理的基础上不断进行挖掘和推广，才能不断创造出新产品，而设计的意义也正在于此。

2.3.2　群体发想法

群体发想法是依赖于团体的力量对一个主题进行发散，每个人都可以发表见解。由于个体的知识背景和思考问题的方式不同，就会呈现百花争艳、百鸟争鸣的场面。组织者可以从这些方式各异的想法中寻找解决问题的办法。

在群体发想法中，头脑风暴法可能是最为大家所熟悉的创意设计方法。这种方法不受具体条件和场景的限制，也没有固定的规则。头脑风暴法主要是指一群人围绕着一个具体的课题进行自己观点的阐述，可以从任何角度出发，不受到别人思路的限制。这种自由的思考方式和表达方式可以激发出很多新的观点。当然，与会者中要有一个组织者和观点的记录者，二者可以由一人来兼任。组织者的作用是对所有观点进行如实记录和评估，而不参与讨论，也不对与会者的观点进行批评。

当然，这种看似无序的创意方式并非没有组织规则，它也有一定的讨论程序。下面，简要论述一下头脑风暴方法的讨论程序和规则：

1. 确定讨论的主题

确定头脑风暴的主题是至关重要的一步。与会者在讨论之前需要明确本次会议要解决的问题是什么？以及由此而带来的限制是什么？当然，组织者会说明对于主题进行限制的范围。不过总体来说，一个比较具体的主题会让参与者较快产生有价值的设想，而组织者也能保证在最短的时间内得到有意义的讨论结果。不过要注意的是，一个过于具体和确定的主题也有可能限制参与者想象力的发挥，所以，如何对主题进行描述是很关键的环节。我们应该抓住该主题的核心要素并以该要素作为定义主题的关键词。

比如要设计一把椅子，如果用头脑风暴的方法进行创意收集的话，主题的定义就不能简单地描述为"一把椅子的设计"，因为这个描述会有很多约定俗成的对于"椅子"产品本身的限定要素，如靠背、坐面、四条椅腿等，这就很大程度上限制了大家创意的发挥。这个时候，需要明确的是，椅子的核心诉求是什么？椅子不过是一种满足使用者"坐"的工具而已。所以把该主题描述为"一个坐具的设计"会更加接近于产品的本质。对于该主题进行头脑风暴的话，与会者才会有更大的发挥空间，从而生发出更多创新性甚至颠覆性的想法。

2. 头脑风暴开始前的预热阶段

头脑风暴还要预热吗？答案是肯定的。如果条件允许的话，在会前做一些有益的准备工作，往往会更有利于活动的展开。首先是讨论气氛的营造，这时会需要一个出色的会议主持人，主持人的工作不但包括会议的组织，会议记录，还有一个很重要的作用就是对会议的过程进行串联，对会议的进程进行引导，并通过个人魅力营造良好的会议氛围，让每个参与者都能够畅所欲言，激发出每个人的创意想法。其次需要一个恰当的会议场所，场所环境的布置要更利于给人以好的心理暗示，并方便大家交流。这方面，环形的布置方式更有利于大家的发挥。因为这种布置会把每一个与会者都置于会议主体的位置上，没有长幼尊卑之分，大家的地位都是平等的。最后，可以就拟讨论的主题进行一些外围资料的发放。如果会议室有多媒体设备的话，可以给大家浏览一些相关资料，以便与会者能够了解该主题的现状。这会让讨论更加具备针对性。当然，资料传送的时机需要组织者把握，如果过早给大家灌输这些信息的话，极有可能限制大家的思路。最好是当讨论陷入瓶颈的时候，可以将这些资料作为头脑风暴的催化剂来使用，激发、引导和修正与会者的思路。

3. 确定头脑风暴的参与者

一般情况下，头脑风暴的人数控制在 8~12 人为宜，过多则不好控制，也不能保证每一个与会者都能够满足自己的发言需求，过少则会限制大家的信息交流，也不利于激发出足够数量的创意思维，影响头脑风暴的效果。当然，人数并没有严格的限定，这还跟主题的类别和组织者的把控能力有很大关系。

另外，头脑风暴的人选尽量考虑多元化的背景。因为不同背景的参与者对于同样问题的思考角度不一样，往往会更容易激发出有创新价值的想法。这就是为什么很多创意团体里面会有不同背景人员的原因。就高校工业设计创新团队来说，除了有设计背景的学生之外，还应该广泛吸纳不同背景的学生，如机械、计算机、自动化，甚至企业管理和营销专业的学生。

4. 确定主持人和记录者

为了保证头脑风暴会议的顺利进行，需要选择一名主持人和一名会议记录者。关于主持人的作用前面已经进行了相关介绍，下面重点讨论记录者的工作内容。记录者要如实记录与会者所提出的设想，最好写到一个大家都能看到的地方，如黑板的中央。并随时对记录的内容进行归类和编号，必要的时候，记录者和主持人都可以随时对会议的主题发表自己的看法。

主持人在会议开始之前，应该明确会议的纪律。如要求与会者要畅所欲言，不受别人观点的限制；不要私下交头接耳，影响别人发言和会议的组织；与会者之间要相互尊重，不要发表带有感情色彩的言论；保证每个人的发言次数，不要滥竽充数等。

5. 头脑风暴会议的总结

首先是头脑风暴的时间把握，会议时间不宜过长，以 30min 左右为宜，如果时间太长的话，会使与会者的兴趣点降低，产生疲劳感，从而影响会议的效果。当然，具体的时间由主持人来把握，要在保证已经产生有价值的创意设想的前提下控制会议的时间不要过长。

会议的总结也非常关键，这个环节的把握主要由主持人和记录者来操作，最好能对大家的创意想法进行归纳整理和简单评价，并由此生发出对主题有具体借鉴意义的创意设想。评价的过程中也要禁止批评，只做客观阐述，而不否定某个设想。会议总结是对大家参与头脑风暴热情的鼓励以及方案的整理和陈述，这要和最终的方案处理区别对待。

6. 方案设想处理

通过组织头脑风暴的会议，往往能够获得大量的有关主题的创新想法，但头脑风暴的过程并没有完结，还需要对已经获得的想法进行整理和分析，从中选出最有价值的设想进行更进一步的设计实践。

方案设想的处理往往由相关专家进行总体评议，也可以由头脑风暴的原参与人员进行集体评议。前一种方式更加具有可操作性，因为通过人员的置换，可以保证在对方案进行评议的时候没有倾向性，会更加客观和公正，而且这个评议小组的人员构成也最好多元化，人数不必太多，意见会更集中更有代表性。

至此，头脑风暴创意方法的整个流程已经走完了，它提供了一种就特定的主题进行集中构思的创意发散方法，它是一种创意的技能而不是万能的方法。在运用的时候应该扬长避短，发挥其积极有效的方面，同时不断找寻其规律，以保证在有限的时间内发挥其最大优势。

2.3.3 信息列举法

信息列举法是通过将产品的属性、设计目的、设计缺陷等信息罗列出来，然后分析总结，寻找创意设计出发点的方法。若想使用这种方法，就要求创意者对产品的信息比较熟悉，才能做到有的放矢。

2.3.3.1 属性列举法

属性列举法是美国尼布拉斯加大学的克劳福德教授于 1954 年提出的一种创新思维方法。此种方法旨在引导设计师在进行创意的过程中列举出事物的相关属性，然后通过观察和分析的方法针对每一项属性提出改良的设想。这种方法非常适用于产品的改良设计。

在具体的实施过程中，需要把产品的属性分为若干个子属性，如名词属性、形容词属性、动词属性等。名词属性可以包括产品的部件、材料、工艺、结构等；形容词属性可以包括产品的造型、色彩、使用状态等；动词属性可以包括产品的功能、交互方式等。下面以一个台灯的设计为例来验证一下属性列举方法的应用。

首先，对台灯的属性进行列表分析，如表 2.1 所列。

表 2.1　台灯的属性列表

名词属性	部件	灯罩、支撑架、灯座、灯泡
	材料	木材、塑料、金属
	工艺	注塑、钣金、车削
	结构	焊接、组装、弹性连接
形容词属性	造型	可爱的、科技感的、成熟的、艺术的
	色彩	温暖的、鲜艳的、稳重的
	使用状态	刺眼的、节能的、可调节的、多功能的
动词属性	功能	照明、装饰、营造气氛
	交互方式	直接开启、触摸开启、声音开启、手势开启

通过以上的属性列表分析，可以找到若干条对产品进行改良设计的方法和途径。以名词属性为例，可以就产品的材料、结构方式进行改进，比如把塑料制品改为原木制造(如图 2.13 所示)，而通过改变产品的名词属性，同时影响了产品形容词属性的体现，给人以温馨、自然的感觉。更进一步说，其功能的实现也会有一定程度的改变，木材的纹理质感会让灯具给人以更多亲近感，人与产品之间的关系会发生微妙的变化，这样灯具会带有更多情感化的要素。

图 2.13　改变台灯的材料属性所带来的设计上的变化

总而言之，属性列举法是一种较为全面细致的创意设计方法，创意者可以基于这些属性有针对性地对产品的局部进行改良设计。然而产品的属性之间是相互关联的，亦即改变其中一方面的属性，往往会影响其他属性的变化，所谓"牵一发而动全身"。所以，这种改变也是一种综合的系统的改变，一定要兼顾其他属性的协调变化。

2.3.3.2　缺点列举法

缺点列举法是将现有产品的缺点作为创意的切入点，找出其不足之处，然后通过会议等方式探讨解决该问题途径的方法。这种方法实施起来较为简单，也比较容易理解，是设计师最常使用的创意设计方法之一。缺点列举法的实施主要包括两个阶段：

1. 发现问题阶段

在缺点列举法之前，需要确定设计的主题，即对什么产品进行再设计。确定目标主题后，就要对该产品的现有方案进行分析评议，可以通过各种途径搜集该产品的现状、解决方案以及预期的成果等。包括产品的使用状态，市场分布情况，目标消费者对产品的评价，以及是否与现有的社会文化现状和人们不断发展的消费观相协调。当然，更重要的是，该产品是否能无障碍地实现其功能而不给使用者带来负担？是否符合人机工程学？是否能够给消费者提供足够的使用体验？

这个阶段可以用会议的形式进行，仿照头脑风暴的会议组织形式，发动所有与会者来对产品进行挑毛病。由于与会者思路的不同，也会导致发现问题的角度不同，会给我们的设计提供更多产品改良设计的切入点。当然，与会者的人数也应有所限制，一般以10人为限，也可以有一名会议主持人或会议记录者。

2. 分析解决问题阶段

发现问题后，下一步的工作自然是分析探讨解决问题的方法。当然，在探讨解决之道之前，会议组织者应该就第一阶段大家发现的若干问题进行总结，归纳出几条最有创新价值的缺点，然后有针对性地进行分析。在具体分析缺点的过程中，需要考虑造成产品这种缺点的原因是什么？是技术的原因还是设计的原因？是消费者使用习惯的原因还是市场策略的原因？是成本控制的原因还是结构实现的原因？力图通过综合的分析和讨论找到解决问题的金钥匙，这个过程才算完成。

缺点列举法是一种非常快捷和行之有效的创新设计方法，因为任何产品都有其缺点，即便现阶段表现几乎"完美"的产品，也不能保证永远"正确"，永远赢得消费者的心。因为产品设计是有一定历史性的，现阶段产品所具备的技术特点和功能需求只能代表现有历史阶段对产品的认知和要求，随着社会经济的发展和科技的进步，人们会提出新的需求，设计师也会获得更先进更多样的方式去实现特定的功能。这些都会造成产品的面貌发生变化，回顾一下手机的发展史就能有一个非常直观的印象，这里不再赘述。

综观一些权威的设计类奖项，如德国的IF设计奖、红点设计奖以及美国的IDEA优秀设计奖，在获奖作品中不乏改变了现有产品的缺点而成就一个创新型设计的例子。下面举几个获奖作品的例子：

如图2.14所示这个多功能扳手的设计正是发现了现有扳手的一端只能适合一种型号螺母的缺点，从而提出了具有预见性的解决方案，从而一举获得了红点概念设计奖。

而另一件获得红点概念奖的刀具设计(图2.15)同样也运用到了缺点列举的方法，寻找到了现有刀具设计的两个缺点，即可预见的切到手的危险和片状物(蔬菜水果等)粘刀的现象。该设计巧妙地对刀具主体进行了一个弯折的细节设计，从而在一定程度上解决了上述两个问题，该设计提出了一种解决问题的方式，得到了评审专家的认可。

通过上述两个例子足以证明，缺点列举法可以让设计者带着问题进行思考，由于明确了设计的方向，设计师往往可以有的放矢，提出有针对性的解决方案。

图 2.14　多功能扳手设计　　　　　　　　图 2.15　"安全菜刀"设计

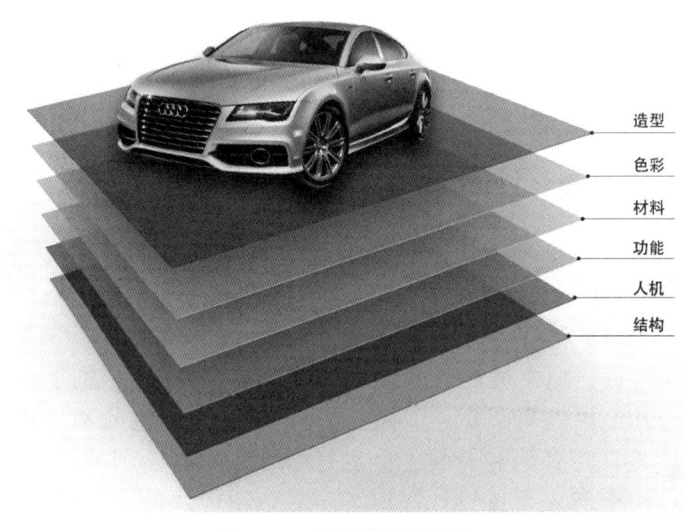

2.3.3.3　产品分层导引法

产品分层导引法是一种对产品进行改良设计的方法，它源于产品的属性列举法，而又与产品属性列举法不同。如果说产品属性列举法是将产品的属性进行了横向的列举，那么产品分层导引法则是对产品进行了纵向的分层。具体的实施是这样的，众所周知，能够决定一件产品整体形象的要素主要包括产品造型、功能、结构、材料、色彩、人机界面等方面。这几乎囊括了产品设计专业大学四年所学专业课的总和，所以可以这么说，本科产品设计教育的整个过程可以看做是教授学生如何完成一件完整产品各个层面的设计的过程。

打个比方，产品分层导引就像把一件产品的上述属性分成 Photoshop 的不同图层一样，这些图层可以独立存在和被编辑，所有图层叠加起来就构成了一个完整的产品形象，如图 2.16 所示。

图 2.16　产品分层导引法

这样就可以对每一层进行有针对性地"编辑"，从而生发出很多对产品进行设计的思路。那么，如何应用产品分层导引法对产品进行设计呢？下面以衣架的设计为例对这种创意设计方法进行验证。

如图2.17所示为一个生活中常见的衣架产品,现在的任务是对该产品进行改良设计,运用产品分层导引法进行创意的发想。首先,对衣架产品进行纵向分层处理,可以得到属性列表(表2.2)。

图 2.17　传统衣架设计

表 2.2　衣架的分层属性列表

产品样本	分层属性	关键词	改变主张
衣架	造型	厚重的、圆润的	轻薄、通透感
	色彩	原木色	绚丽的色彩、金属色等
	材料	木材、金属	塑料、金属等
	功能	架衣服、悬挂衣服	增加功能,可悬挂袜子、鞋垫等
	人机	过大或过小的衣服不方便挂取	有弹性的或可折叠的,方便调整形状
	结构	木材胶粘	注塑等、方便收纳的结构

通过上面的分析,大致可以总结出几条对产品进行改良的思路,即可分别从产品的造型、材料、功能、结构等多方面对产品进行改变,由此可以获得多个具备创新性的改良设计方案。

2.3.3.4　目的引导法

目的引导法是基于事物存在的目的,在目的的引导下,对实现目的所使用的手段进行发想,从而找到适合的解决问题的思路。对于产品设计来说,目的引导法的"目的"即是指产品所能达到的效用和实现的功能,并以此作为思维发散的出发点。

以"椅子"的设计为例,使用目的引导法对产品创意的思路进行梳理。首先要确定该设计的目的,从狭义上来说,椅子要实现的效用是"为使用者提供'坐'的支撑"。那么为了实现椅子的这个功能,可以采取什么样的手段呢?可以制作一个平整的平面用以实现支撑的作用;可以制作一个稳固的横梁用以支撑;也可以用绳索悬吊的方式实现支撑。此时如果扩大椅子的效用,改为"容纳使用者的身体使其静止",则会针对此目的产生更多的实现手段。而如果更细化椅子的效用，改为"为使用者提供舒服的'坐'的方式"，则会有更加具体的手段来诠释椅子的功能。完全可以把上面所陈述的三种不同范围的"目的"制作成三个不同的功能展开图，如表 2.3 所列。

表 2.3　使用"目的引导法"对椅子的"使用目的"进行分类列表

产品描述	产品目的(功能)	实现手段
椅子	使用者提供"坐"的支撑	制作一个平整的平面用以支撑
		制作一个稳固的横梁用以支撑
		用绳索悬吊的方式实现支撑
	容纳使用者的身体使其静止	制作一个弧面使人可以仰卧
		制作一个靠垫使人可以倚靠
		制作一个垫子使人可以跪伏
	为使用者提供舒服的"坐"的方式	为椅子添加符合人体曲线的靠背
		椅子可以有按摩功能
		为椅子配套设计脚凳，使用者可以将脚放到上面休息
		椅子可以旋转并可调节高度

以上的例证足可显现，目的引导法的关键在于找准事物的"目的"所在，只有真实的目的才能引发真实的需求，否则会把创意的思路引向别处，与真实的需求背道而驰。要善于回到事物的原点，发掘其本质需求，才能明确产品的目的，不要受生活经验和产品的表面现象所迷惑。比如牙刷的本质功能是"清洁牙齿"而不是"使牙齿变白"；杯子的本质功能是"容纳液体的空间"而不是"喝水的工具"。只有分清现象和本质的关系，才能为产品设定一个恰当的目的。

2.3.4　类比法

类比法是通过一种事物所具有的属性，由此及彼，推及到其他与之有相同或类似属性的事物的方法。类比法是一种"平行"的思维方法，产生类比的两种事物之间具有的共同属性越多，则类比的成功率越高，对于创意设计来说，则获得合格设计作品的概率也越高。使用类比法的原理进行创作的设计方法有很多，如仿生设计就属于类比法的范畴。下面对一些常用的类比创意设计思维方法进行介绍。

2.3.4.1　仿生设计方法

仿生设计是基于仿生学和设计学发展起来的一门综合学科，仿生设计所研究的范围非常广泛，涉及到了自然科学和社会科学的很多学科。当然，我们要了解的并不是它的专业定义，而是运用仿生设计的方法去寻找改变事物面貌的创新思维。就产品设计专业来说，仿生设计主要是从自然界中的生物体中发掘出可供利用的设计要素，运用科学与艺术结合的方法，重新定义和设计产品的造型、色彩、功能、机构等。

如前所述，仿生设计正是利用了生物体中和拟设计的产品共同的属性部分，采用类比的方法，将生物体的相关属性进行借鉴，开发出新产品的手段。仿生设计可以是造型上的仿生，也可以是色彩、肌理、功能甚至机构上的仿生，下面分别以具体的例子进行论述。

1. **造型上的仿生**

这种方法是借鉴动物、植物和人体所具有的外部形态，在保证产品功能的前提下，满足人类审美需求和心理需求的方法。

如图 2.18 所示是一对形态仿生的音箱设计，借鉴了小鸟的造型和典型动作。现在来分析一下，音箱和小鸟这两种看似无关的事物之间有什么样的关联呢？或者说他们二者有哪些共同属性呢？①在于音箱播放所发出音乐和小鸟歌唱所发出鸟鸣之间有内在的联系，这可说是一种语义上的关联，即"音乐"和"鸟鸣"有共同的能给人产生愉悦感的美妙的旋律；②若干小鸟排列在一起的场景很容易让人联想起人类"合唱"的场景，二者同样有着共同的属性，即为着相同目的而呈现出的类似组织形式。其共同目的都是为了达到音乐的量级而实现共鸣的效果，其组织形式都是带有规律性的排列组合方式。总之，二者之间有着这么多的共同属性，就决定了采用小鸟形态作为音箱造型有着一定的必然性，这也是为什么这个设计看起来并不唐突的原因。

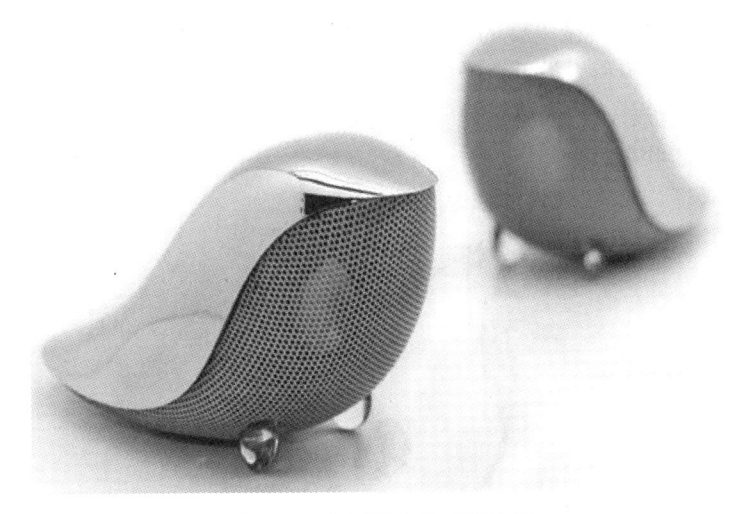

图 2.18　造型仿生的音箱设计

2. **表面肌理上的仿生**

肌理对于一件产品来说，不仅体现出了产品的造型特点和材质触感，更体现出了产品的内在功能。通过对生物体的表面肌理进行仿生设计，会增强产品的表现力。

如图 2.19 所示，即是一个包含着肌理仿生和造型仿生的坐具设计。纤维制品的坐面除了惟妙惟肖地描绘出花朵的肌理之外，还给人以一种舒服的，可依赖的感觉，更有一种想马上坐进去的感觉。在设计中，椅子的肌理效果和制作产品所用的材料达到了良好的统一，这种统一性除了给人美妙的视觉感受，更重要的是一种触觉和心理上的体验感。

图 2.19　肌理仿生的坐具设计

3. 机构的仿生设计

机构的仿生设计更具备功能性和实用性。自然界中的生物经过了漫长的进化过程，其结构必然存在很多合理的成分，对其机构特征进行归纳和提炼，是使人工设计制品合理化和功能化的最有效途径之一。不仅如此，产品在进行功能仿生的同时，也会具备生物体的造型美感，使产品散发出更多的自然生命的气息。

图 2.20 所示是一个机械手臂的设计，该设计正是模仿了人体手臂的机构特征和运转方式。该设计除了具备和人类手臂类似的运转方式之外，其造型和比例关系也与仿生对象有着千丝万缕的联系，使人感觉是一个放大了的手臂一样，这便弱化了机械装备给人带来的刻板冰冷的印象。

图 2.20　机构仿生的机械手臂

总之，仿生设计是产品设计中广泛运用的设计方法之一，但在运用的时候要注意仿生对象和设计对象之间的属性关联，没有关联的两个事物之间最好不要用此方法生搬硬套，不然，设计出来的产品会给以人不伦不类的感觉。

2.3.4.2 移植设计方法

移植的概念源于园林业，是指将植物或植物的一部分移动到其他地点或转移到另一个植物体上去，并使其继续存活下去的做法。以此概念作为基础，人们已经将移植的理念引用到多个学科领域中，如软件工程中的代码移植，医学中的器官移植等。

移植的方法也可以为设计所用。在设计的过程中，通过将一种产品中的造型、色彩、材料、结构等有选择性地应用到另一种近似或不同类型的产品中，从而改变产品的面貌、功能和使用效率等，这种创意思维的方法称为移植设计方法。这是本书设定的概念，并不具备权威性和普遍性。但可以很确定地说，移植设计体现的也是一种类比的思维。与仿生设计不同的地方在于，前者的类比对象是自然界中的生物，包括动植物和人类，而后者的类比对象是已经存在的非生命体。

与仿生设计类似，移植设计方法的关键在于找出移植对象和目标对象之间的关联属性，共同的属性越多，越能保证移植后两种事物之间不产生"排异反应"，这是移植设计成功的关键所在。

说到移植设计，就不得不提日本设计师深泽直人的CD机设计，如图2.21所示。这个设计完全打破了人们对CD机固有的印象，乍一眼看来好像一个标准的排风扇设计，而仔细观察设计的细节，又处处体现着CD播放器的设计语义。正是这样一个设计改变了我们使用产品时的体验感，试想，当拉下代表开关的拉绳时，直觉会告诉你有一架排风扇会运转起来，排除室内的污浊之气，同时会有"嗡嗡"的声音响起来。然而你错了，机器里传出了优美的音乐，如春风般徐徐吹来，这是多么美妙的体验！

图 2.21 深泽直人的 CD 机设计

将排风扇的造型和操控方式移植到CD播放机上来，是这一设计的大胆尝试，而这一尝试无疑是成功的。这件CD播放机获得了国际设计界的认可，并被无印良品永久收藏，同时成为了深泽直人的代表作品之一。

再看另一件运用了移植手法的设计。如图 2.22 所示，这是一款灯具设计，来自于芬兰设计师 Jonas Hakaniemi。该设计的特色不在于其简约的造型风格，而在于其操作方式。当轻轻拉开抽屉的盒子，灯光会随着拉动缓缓漫溢出来，灯光的亮度也会随着盒子拉出的长度而变化。

图 2.22　Jonas Hakaniemi 的灯具设计

这个灯具的设计和 CD 播放机的设计有异曲同工之处。设计师找到了"打开抽屉"和"打开灯光"二者之间动作上的关联属性，也找到了"打开抽屉的量"和"控制灯光的量"程度控制上的关联属性。那么，基于这两种共同的属性，这个移植的设计会给人耳目一新的感觉却不会让使用者无所适从。

运用移植设计的方法常能产生一些让人意想不到的创意设计，让人感觉在意料之外，又在情理之中。

2.3.4.3　模仿设计方法

提到模仿设计，很多人会认为模仿等同于抄袭。这是一个可喜的现象，这表明大家的知识产权保护意识在逐渐增强。但要说明的是，模仿设计并不能简单等同于抄袭设计，如果将目标设计与源设计雷同的程度进行排序的话，由弱至强分别是借鉴设计、模仿设计、抄袭设计。借鉴设计和模仿设计二者并没有明确的界限，只不过是模仿的程度不同而已，但模仿与抄袭之间有一条红线，设计师最好不要越过这条红线，做出侵犯别人知识产权的事情。

由模仿而继承，由继承而创新，被认为是创造性活动的一条规律。以日本设计为例，日本第二次世界大战后经济的持续低迷，使其认识到设计对振兴经济的重要作用。日本最早一批设计师开始了模仿欧美设计发达国家的活动，他们吸收欧美的文化艺术、生活方式以及方兴未艾的机械文明，这些都可以折射到设计文化中，为了紧随欧美的文化潮流，很多设计师甚至完全照搬欧美的设计观念和设计模式。久而久之，设计师们发现这种方式导致了一个很严重的后果，即丧失了很多本国优秀的文化艺术传统，于是他们开始迷茫，权衡如何在模仿和继承舶来文化的同时发挥出自身文化的特色和民族精神。事实证明，日本设计师做到了，他们独创了具有东方文化特色的、文雅精细的设计风格，这种风格根植于日本的民族精神，体现了浓郁的本土气息。日本设计从走向世界的时刻起，就奠定了其具备独特东方美学风格的地位，在世界设计中占据一席之地。

所以说，模仿可以说是创新的必经阶段，也是一种捷径，是"站在巨人的肩膀上"的聪明之举。设计如此，文化艺术也是如此。中国"书圣"王羲之，是中国书法艺术史中里程碑式的人物。其后世的书法大家璨若繁星，如果是楷书的话，首推楷书"四大家"，他们是欧阳询、颜真卿、柳公权、赵孟頫，史称"欧颜柳赵"。这四位书法家的风格迥异，各具特色，但大家有所不知，四位的书风和笔体却有着千丝万缕的联系。先说欧阳询，初学王羲之，后独辟蹊径自成一家，其楷书笔力劲险，结构独异，号称"欧体"；再说颜真卿，其早期也曾钻研二王(王羲之和王献之)书法，后师从草书大家张旭(张旭的书法，始化于二王)，其字端庄雄伟，字体遒劲，是为"颜体"；柳公权，与颜真卿齐名，号称"颜筋柳骨"，其书法初学王羲之，后吸取颜、欧之长，才形成其骨力劲健的书风，史称"柳体"；最后一位赵孟頫，其书风更是秉承了"二王"衣钵，其书风遒媚，笔法秀逸，更能"日书万字"，其拥趸广布中国，甚至包括日本、韩国、印度等地，这便是"赵体"。

通过简述几位在中国书法艺术长河中的代表人物，不难发现，他们的学习首先源于模仿和继承，然后根据自己的个人情况进行创新，形成了不同的风格，遂成"百家争鸣"的热闹场面。

那么对于产品设计来说，如何处理好模仿与创造之间的关系呢？下面，重点讨论一下模仿设计方法的原则，以及要把握一个什么样的"度"，才能不违反一个设计师的职业道德。

模仿设计可以包括造型模仿、功能模仿、结构模仿、色彩模仿等方面，模仿设计的基本原则是模仿其设计规律而非表面现象，只有这样才能避免抄袭的嫌疑，而使模仿设计实现其本质的设计目的。下面以最容易陷入抄袭之争的"造型与色彩模仿"为例来讲解模仿设计的方法。假如现在有一个手电钻的设计任务，设计师没有实际的手电钻设计经验(接手从未涉足的产品领域是设计公司经常面对的问题)，那么怎么办？躲在屋子里冥思苦想，闭门造车吗？肯定不是的。首先要走进商场，去手电钻经营场所实地调研一下，仔细观察手电钻的造型、材质、色彩处理，领悟设计的要点是什么。拿到手里试一下，体会一下在人机工程学、交互设计方面的设计原则。如果可以，可以跟卖家索要产品的宣传册，回去后再仔细研究，尤其是一些参数设定和使用注意事项，会涉及到产品的行业标准等，这些是要严格遵守的；有了实地调研的经验，设计师可以对产品有一个非常直观的印象。然后可以利用网络的资源，搜索大量的已有产品，重点分析其造型规律和色彩搭配方法，结合客户的设计要求，从中寻找设计的突破点。这个时候尤其要关注设计的细节处理，比如把手倾斜的角度、美工线的位置、倒角的大小、颜色的搭配等各个方面都可以分析借鉴现有产品。

比如下面两件作品，如图 2.23 和图 2.24 所示，前者是网络上的现有产品图片，后者为参考前者进行的改良设计作品，也可说是一件模仿设计的作品。主要模仿的部分包括功能部件的整体格局和位置、把手的尺寸和角度、一些细节的处理方式、色彩搭配、材质的感觉等。但在模仿的基础上，后者的设计也有自己的创新之处，比如对整体造型的把握上机身线条更流畅和富有动感，对细节的设计也有整体把握，使每一部分与整体之间的关系更加协调。

图 2.23　手电钻设计原图

图 2.24　手电钻"模仿"设计

2.3.5　TRIZ 理论

TRIZ 是"发明问题解决理论"的俄文缩写,由苏联发明家阿奇舒勒(现属阿塞拜疆)于 1946 年创立,这是一种可遵循、可控制的用来实现快速发明创造的理论方法。

TRIZ 理论的核心思想主要有:①任何产品的发展都是遵循着一定的客观规律进行发展演变的,所以,任何产品和技术都具有客观的进化规律和模式,是可以被掌握的。②产品和技术的进化有赖于各种技术难题、冲突和矛盾的不断解决;③用尽量少的资源条件实现尽量多的功能是技术和产品进化的趋势。

那么,如何利用 TRIZ 理论进行产品创新设计研究?阿奇舒勒和他的研究机构耗费数十年的时间提出了 TRIZ 研究的多种方法。这些方法包括冲突矩阵、76 标准解答、ARIZ、AFD、物质-场分析、ISQ、DE、8 种演化类型、科学效应、40 个创新原理、39 个工程技术特性、物理学、化学、几何学等工程学原理知识库等。下面,就 TRIZ 理论方法中和产品设计专业结合较为紧密的 40 个创新设计原理进行简要介绍:

1. 分割原则

将产品分割成相对独立的几个部分;使产品成为可拆卸的设计,方便更换;强化物体的可分割程度。如图 2.25 所示电脑机箱的内部设计,其中每一个部件都采用模块化可拆卸式设计,方便了组装和检修。

图 2.25　分割原则

2. 提取原则

将产品中存在的对主要功能产生不良影响的次要部分进行去除，或者将产品的核心部分从主体中进行分离。这种原理是为了将产品中的"有害"部分进行分离或将产品中的"有用"部分进行提取，保证有效部分功能的最大化。如图 2.26 所示，无绳电话的出现体现了 TRIZ 理论中的提取原则。对于家庭电话来说，其核心的功能部分为接听和拨打电话，而电话线作为传输信号的媒介，对接打电话的操作起到了"牵绊"的影响，属于对产品功能实现产生不良影响的部分。而早期电话限于技术原因，电话线不能去除，但随着技术的进步，一种凭借无线电的发射和接收接通子母电话机的新产品出现了，这就是所谓的"无绳电话"。无绳电话解除了电话线的束缚，因其便利性和实用性，越来越成为家庭电话机的首选。

图 2.26　提取原则

3. 局部性原则

将产品各属性的均质构成转变为不均质构成，使产品的不同部分具备不同的功能，或者将产品的部分功能强化以达到使整体功能提高的作用。如图 2.27 所示，在刀具设计中，一般都会将最好的钢材料制成刀刃部分，而刀的其他部分只用一般钢就可以了。这样不但能够保证产品的使用功能，还能够在一定程度上降低成本。

图 2.27　局部性原则—改变产品属性的均质性构成

而图 2.28 所示的带有 Led 灯的挖耳勺设计，则是将照明功能和"挖耳"功能进行了结合，解决了实际操作时由于"耳廓"内较暗而产生的不方便问题。在这个产品中，由于照明功能的加入，增强了产品的整体功能，所以也是一个体现了 TRIZ 中局部性原则的典型实例。

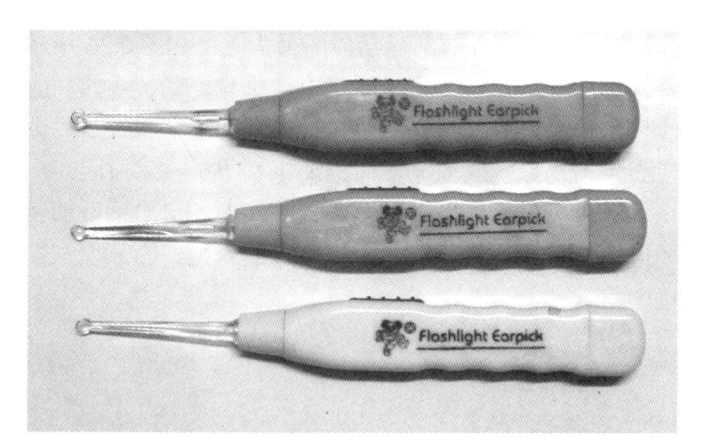

图 2.28　局部性原则—强化部分功能以使整体功能得到增强

4. 不对称原则

根据实际情况，将物体对称的形式转变为不对称的形式，如果物体本身是不对称的，则强化其不对称的状态，以最大限度实现产品的功能。如图 2.29 所示的三相插座设计，为了强调接地插孔，将其独立于零线和火线插孔之外，进行非对称布局，并且形状也有所区别，以最大限度增加区分度，以免造成危险。

图 2.29　不对称原则

5. 组合原则

将相同或类似的产品或功能组合成一个统一的整体，并使组合体协同作用，实现整体的功能和效果；在同一个时间内，将不同物体的动作连接成为一个组合动作，共同完成产品的功能。如图 2.30 所示的水龙头设计，将冷热水分别进行控制，可以完成冷热水的自动混合，方便调节出符合使用者舒适度的水温。这体现了将产品的多种功能合并所起到的协同效用。

图 2.30　组合原则

6. 多用途原则

一件产品可以具备多种功能，从而精简物体的数量，实现用尽量少的资源实现尽量多功能的目的。这方面的例子很多，最典型的如瑞士军刀，将人们日常生活中可能用到的随身工具都整合到了一把小小的折叠刀中去，而且并不增加所占用的空间，可说是体现该原则最恰当的例子，如图 2.31 所示。

图 2.31　多用途原则—多功能的瑞士军刀

而除了瑞士军刀，日常生活中时刻都离不开的智能手机，可说是另一个多功能的典型案例。除了接打电话、收发短信之外，视频播放、照相机、收音机、计算器等等，其功能不一而足。更有甚者，随着 APP 软件的兴起，手机便成为了一个可以承载任何手机软件的开放平台，这就为手机兼具各种各样的"功能"提供了 N 种可能，如图 2.32 所示。

图 2.32　多用途原则—开放的手机

7. 嵌套原则

一个物体嵌入另一个物体中，而后者又嵌入第三个物体中或者一个物体通过另一个物体的腔体。简言之，对于产品设计来说，这可作为一种充分利用空间的设计原则。如图 2.33 所示，这是设计师 Mia Schmallenbach 的刀具设计，该设计获得了第五届欧洲刀具设计大赛的金奖。这组刀具设计相互嵌套，仿佛取自同一块钢板材料，其独特的组合方式和流线型风格除了带给人以独特新奇的感受之外，其实用性也毫不逊色，共可分为削皮刀、美工刀、厨刀和切片刀共四把刀。

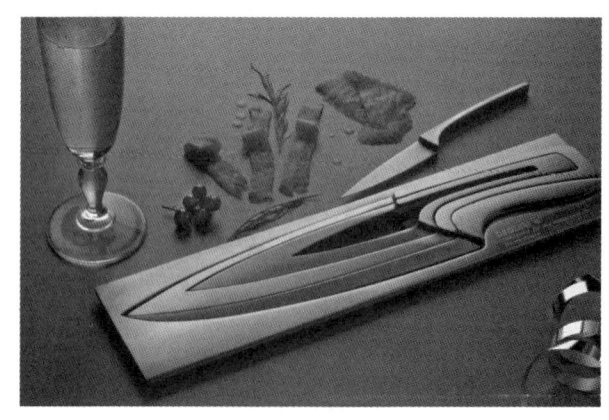

图 2.33　嵌套原则

8. 平衡原则

利用空气的浮力、流体力学等力学原理，抵消掉物体的自重，从而实现平衡的目的；或者将物体与其他有着相反作用力的物体进行结合，从而抵消其自重。如图2.34所示，是一个可以随着浮力上升的路标设计。当遇到雨雪天气的时候，常用的路标(城市中道路中央起到分流作用的隔断设计)因为比较低矮，极容易被雨雪覆盖，这款路标的概念设计通过浮力原理，当雨雪淹盖了道路标志的时候，可以自动上浮，保证交通安全。

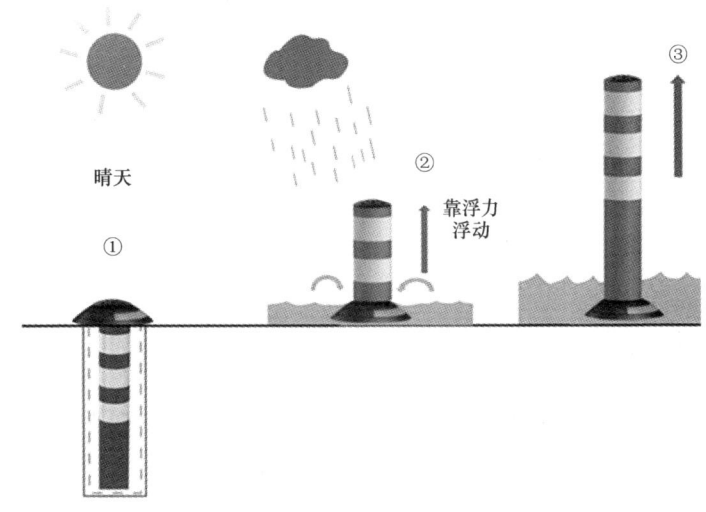

图 2.34 平衡原则

9. 预先反作用原则

如果已知基于产品的功能将要产生某一种现象，则在该现象出现之前，对其施加相反的作用，以达到产品的功用或消除某种不利的影响。简单来说，就是为了实现产品的功能或者强化产品的功能效果，需要提前准备能够起反作用的措施。举一个常见的例子，如图2.35所示，这是一个"鱼漂"的设计。众所周知的是，当鱼儿咬钩之后，游动时会对鱼竿施加力的作用(一般是向下的趋势)。而"鱼漂"的存在则是为了对鱼的活动起到提示作用，告诉使用者收杆的时机。水对"鱼漂"施加的是向上的浮力，和鱼对"鱼漂"向下的拉力正好相反，这就是所谓的"预先反作用"。

图 2.35 预先反作用原则

其实，在我们的生活中，运用了预先反作用原则的产品还有很多，比如弹簧秤的设计。事先压缩弹簧，然后利用重物的重力作用，靠弹簧的拉伸长度来度量重物的质量。

10. 预先作用原则

事先将预备使用的产品安排好，使它们在遇到具体事件的时候能够快速方便地发生作用；或者对于要完成产品的作用，预先对其整体或局部进行调整。如图2.36所示的创可贴设计，则属于符合预先作用原则的产品，因为创可贴中已经含有了药物，当遇到突发情况时就可以直接将其敷于伤处，发挥其应有的作用。

图 2.36 预先作用原则

11. 预防原则

对于一些不可靠或有缺陷的设计或行为，要预先准备好防护措施和应急手段，以此来补偿由产品功能的不确定性带来的不安定感。如图2.37所示是一个具备自发光功能的井盖设计。联想到城市中，经常有人不慎坠入缺失井盖的下水道的事件，这件设计可以在一定程度上起到预防的作用。

图 2.37 预防原则—可发光的井盖

常用的修正带是另一个符合预防原则的设计，因为在写字的时候经常会出错，此时，就可以用修正带来弥补这种失误，如图2.38所示。

图 2.38 预防原则—修正带

12. 等势原则

这是一种相对的原则，所指的是通过改变工作方式或外部条件，避免物体的上升或者下降，从而使人更方便地进行工作。比如当修理工修车时经常需要在车底进行工作，为了达到这种目的，有两种工作手段可以选择，即将汽车升高或将汽车置于一个凹坑之上，而后者即为符合"等势原则"的方法。这种方法多见于我们无法或不便于使物体上升或下降的情况之下。如根据国际通行的建筑规则，建筑入口处都应设置方便残障人士通行的无障碍通道(如图 2.39 所示)，这便是使用了等势原则达到了使残障者"上升"至建筑内部或"下降"至建筑外部的作用。

图 2.39　等势原则——无障碍通道

13. 逆向原则

反其道而行之，改变思路，从完全相反的角度去寻找解决问题的方法。如将物体中可动部分和静止部分进行置换；将物体翻转；利用相反的原理去实现物体相同的功能……如图 2.40 所示，对于跑步机来说，能够通过不断滚动的传送带使人不断"原地踏步"，可说是运用逆向思维进行设计的绝佳例子。这样做不但能够实现跑步锻炼的目的，还可以节省空间，使室内跑步健身成为可能。

图 2.40　逆向原则——跑步机

14. 曲线原则

将直线变为曲线、平面变为球面、直线运动变为回转运动。这种做法可以在一定程度上打破思维定势，在产品功能的实现上独辟蹊径。由于受到直尺长度的限制，其度量较长的物体时多有不便，这时，卷尺(图2.41)的出现就解决了这个问题。将直尺变为可以缠绕的卷尺，不但可以实现测量距离上的"聚变"，还在一定程度上节省了占用空间。

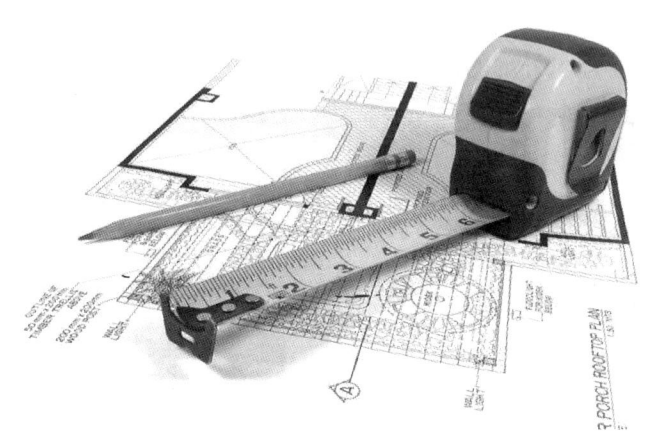

图 2.41　曲线原则——卷尺

15. 动态原则

将静止的物体变为动态的物体；变更物体的特性使其在工作环境中处于最佳状态；将物体分割成能够彼此相对运动的组件。如图 2.42 所示，现在的风扇几乎都有了摆头功能，该功能可以保证最大限度照顾到风扇能够面向的所有人。该功能实现起来非常简单，即在风扇工作的同时保证扇头能够摆动即可。

图 2.42　动态原则——风扇

16. 适度原则

如果事情不能取得百分之百的满意效果，则可以根据实际情况适当降低要求，对要求的效果进行微调，则可以用最小的努力实现最大的成效。这个原则怎么理解呢？比如在制作油泥模型时，搭好骨架之后，先要制作模型的粗坯，然后再用油泥刮刀进行雕刻，如此反复多次，最终无限接近将要制作的效果。在制作粗坯的时候，往往需要多于模型所需要的油泥量，然后再去除多余的部分，这便是适度原则中的过量作用法。油泥模型制作现场如图 2.43 所示。

图 2.43　适度原则——汽车模型

17. 维度变换原则

如果物体在一个维度上实现功能有困难，可以使物体分布到其他维度上，如一维变二维、二维变三维等；将物体的排列方式由单层变为多层；将物体倾斜，改变其放置的方式等等。如对凳子的造型、结构、尺寸等进行精确设计，可以保证多个单体之间堆叠的要求(图 2.44)。

图 2.44　维度变换原则——可向高处堆叠的凳子

图 2.45 所示是一个可以倾斜 45°的茶杯设计，一正一侧之间，可以保证茶叶不总是处于水的浸泡之中。这在一定程度上提高了泡茶的体验感并改善了泡茶的质量。

图 2.45　维度变换原则——可倾斜的茶杯

18. 机械振动原则

使不振动的物体发生振动；使已经振动的物体增加振动强度；使多个振动的物体产生共振；使用其他方式产生振动并对不同的振动方式进行组合。如图 2.46 所示，这是一个指环闹钟设计。与传统闹钟不同的是，该指环靠振动来提醒时间，同时可以满足多人使用，且叫起的时间也可以不同。这样就避免了因为闹铃的声音而打扰了其他人的休息。

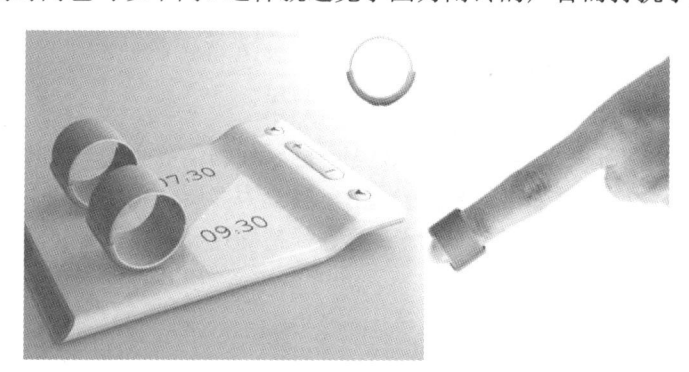

图 2.46　机械振动原理——指环闹钟

图 2.47 是前面提到过的共振音箱设计，它同样是利用了不同介质的振动发声，有别于传统的音箱，且根据介质的不同可以实现不同的发声效果。

图 2.47　机械振动原理——共振音箱

19. 周期作用原则

将周期的动作代替连续的动作；如果已是周期动作，则改变其周期频率；利用脉冲的间歇完成其他动作。周期作用有的时候会比连续作用能够产生更好的效果。比如现在很多风扇所具备的睡眠模式，能够使风扇所吹出的自然风根据周期规律逐渐变化，符合人的生理需求。又如警车上的警灯和警笛，均是采用周期变化的原理来进行工作。其中，警灯有规律变化的亮度能够更加引起人们的注意，而警笛利用周期性原则控制音调的高低变化，可以使人的听觉对其更加敏感，同时也避免了噪声过大的问题。警灯的效果如图 2.48 所示。

图 2.48　周期作用原则

20. 连续动作原则

通过连续的动作，使物体的所有部分都能够一直满负荷工作；使物体的每一部分都"忙碌"起来，防止出现物体的闲置状态。这个原则用到日常生活中，多少有点时间统筹的意思，比如很多人在复习考研的时候，如果学英语学累了，可以就手画会儿草图，既休息了大脑，同时又合理利用时间进行了手绘练习。而我们的周围也有不少符合连续动作原则的产品，比如跷跷板和手工锯。对于跷跷板来说，其一端的翘起和落下的整个过程都是有功能的，翘起时保证了另一端压下的"乐趣"，而落下时，又保证了另一端翘起的"乐趣"，如图 2.49 所示；而对于手工锯来说，其往复运动的整个行程都在满负荷工作，丝毫没有浪费时间和距离，如图 2.50 所示。

图 2.49　连续动作原则——跷跷板

图 2.50　连续动作原则——手工锯

21. 快速跳过原则

如果存在有危险的工作阶段，则需快速跃过该阶段，以避免发生危害。比如在照相使用闪光灯的时候，只在按下快门的瞬间进行闪光，这样做是为了避免闪光灯对人眼造成伤害。闪光灯的设计如图 2.51 所示。

图 2.51　快速跳过原则——闪光灯

22. 趋利避害原则

利用有害的因素取得有利的结果；通过强化有害的部分实现有益的结果；通过有害部分的叠加来抵消有害因素，实现有益的结果。如将废弃塑料通过二次加工制成再生塑料，可广泛用作电子产品外壳等材料，如图 2.52 所示为使用再生塑料制成的鼠标外壳。

23. 反馈原则

参考之前或同类产品的状态，得到反馈信息，用以改善产品的功能，或者对于那些不易掌握的情况可以通过反馈的手段来知道其状态。最简单的是很多检测仪器的存在，可以使我们无需了解产品的原理，只通过数字、图标或图像的方式进行显现，就可以了解相关的信息。如图 2.53 所示，这是一款电子血压计的设计，有别于传统血压计，它可以更快捷直观的方式提供血压数据，而无需专业的操作。

图 2.52　趋利避害原则——鼠标外壳

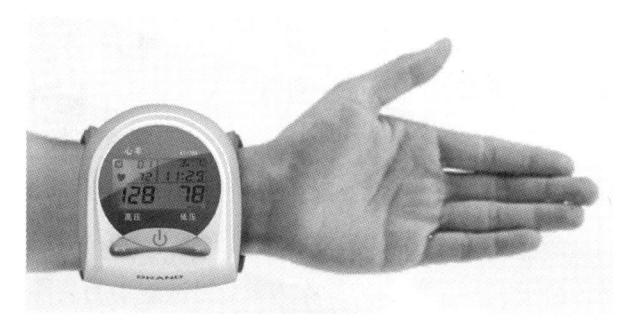

图 2.53　反馈原则——血压计

24. 中介原则

在原有的几个物体之间加入一个中间作用的物体,能够起到连接和传送功能的目的。如图 2.54 所示为一款卡通造型的防烫手套设计,该设计所起的作用非常符合中介设计原则,即在手和灼热物体(如汤锅等)之间加入一个中介,在不影响动作执行结果的基础上也防止了不必要的伤害。

图 2.54　中介原则——防烫手套

25. 自助原则

产品的自助原则是指可以通过一定手段使其自己完成一定的功能而不需要附加其他条件。或者可以将已经废弃的资源和能量等在尊重其核心功能的基础上重新加以利用。如图 2.55 所示可以自动收集蜡油并重复利用的烛台设计,该烛台可以将蜡烛燃烧过程中滴落的蜡油进行收集,并重新生成蜡烛,是一个很有新意的设计作品。

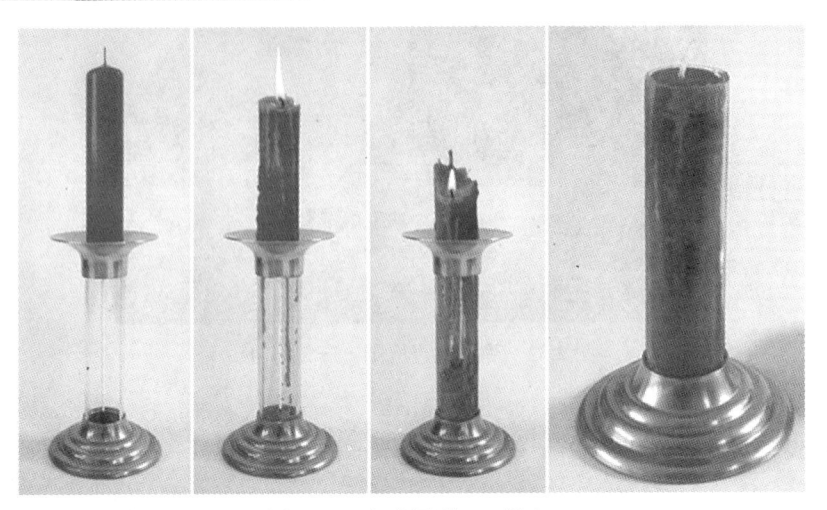

图 2.55　自助原则——烛台

26. 复制原则

用简单易得到的复制品代替复杂的、昂贵的或已损坏的物体，来完成相应的功能；模拟原物通过复制品来验证和学习原物的操作方法，测试原物的功能等。如图 2.56 所示，是一个汽车试验台的设计，它模拟复制了汽车某一部分的功能原理。该设计多用于实验教学和科学研究，因为相对于一辆完整的汽车来说，一个模拟的汽车试验台要便宜得多。

图 2.56　复制原则——汽车试验台

27. 替代原则

根据产品的使用成本和使用寿命，用相对廉价的部分代替昂贵的部分，但这样做会以降低产品的某些使用品质(如耐用性等)为代价来实现目的。如一次性杯子的出现就可以在一定程度上代替常用的杯子，而且快捷方便，用完即可丢掉。但一次性杯子在使用时的体验感却并不好，没有"正式杯子"(如玻璃杯)那样有重感，且不好拿，这都在一定程度上降低了杯子的使用品质。一次性杯子如图 2.57 所示。

图 2.57 替代原则——一次性杯子

28. 系统替代原则

用新的系统原理来代替产品原来的系统原理,如用力学、光学、声学原理代替机械系统原理等。这方面的例子有很多,如声控灯的出现是用声音控制原理替代了机械原理(用手掀动开关来控制);如感应水龙头的出现是用红外感应原理替代了机械原理,当人手进入感应范围后,传感器就会探测到人体红外光谱的变化,自动接通产品开关,如图 2.58 所示;又如遥控车钥匙的出现则是用微电波控制原理替代了机械原理,从而可以使人远距离控制汽车车门的开锁和闭锁,大大方便了人们的生活,如图 2.59 所示。

图 2.58 系统替代原则——感应水龙头

图 2.59 系统替代原则——遥控车钥匙

29. 利用气体和液体的属性原则

用气体和液体的结构来代替固体的结构，如用气体填充、液体填充、流体力学等代替固体物件的功能。如充气床垫代替了具有固体填充物的床垫，除了具备固体床垫的功能之外，还方便了存放和运输，而水床的设计同样具有异曲同工之处。充气床垫如图 2.60 所示。

图 2.60　利用气体和液体的属性原则——充气床垫

30. 薄膜利用原则

利用薄膜和软壳类物体代替常见的一般结构或者利用薄膜将物体同外界隔离。如键盘保护膜在不影响其功能的前提下可以保持键盘的卫生，因为键盘的缝隙一旦进入脏东西，非常难清理。除此之外，一些键盘可以使用软性材料制造，非常方便折叠和携带，如图 2.61 所示。

图 2.61　薄膜利用原则——键盘

31. 多孔利用原则

将产品制作成多孔的结构或为产品附加具有多孔的部件；如果产品已经是多孔的结构，则可以利用其结构实现某种功能。将产品引入多孔结构，或是为了提升产品品质，或是为了满足某项功能，或是为了达到一定的美观度，所以，任何对于产品的改变都应该具有说服力。图 2.62 所示为一款创意沙发设计，该设计创造性地将沙发坐面做成多孔结构，使用者可以自由安放沙发"靠背"，使本来"严肃"的家具设计具备了娱乐性。

图 2.62　多孔利用原则——沙发设计

而洗碗海绵的设计则是充分利用了海绵多孔结构吸水性强的特点，增强了洗碗的功效，如图 2.63 所示。

图 2.63　多孔利用原则——洗碗海绵

32. 变色原则

改变产品或者产品外部环境的颜色和透明度；为物体添加具有染色功能的介质，如染色剂等。如图 2.64 所示的感温杯设计，会随着倒入杯中液体的温度变化而改变颜色，整个使用过程颇具趣味性，而且杯身的图案也可以进行定制设计。而变色眼镜则可以根据照射光线的波长不同改变颜色，以适应不同的环境。

图 2.64　变色原则——感温杯

33. 同质性原则

使用具备同一属性的物质，使其发生相互作用；主要物体和与其发生作用的其他物体具备相同或相近的材料属性。这里举一个稍微极端点的例子，大家对胶囊并不陌生，对于药品来说，胶囊的主要功能是其外包装，但吃药的时候都是将胶囊本身一并服下。这在设计的角度上来说即符合同质性原则，即胶囊和里面的药品一样都具备可食用的属性，如图 2.65 所示。

图 2.65　同质性原则——胶囊

34. 排除和再生原则

将产品中已经完成使用功能的部分使用某种手段(熔化、消磨、蒸发等)进行排除；或者使已经消除的部分在工作过程中再生或回收利用。我国的青铜器等金属器物的制造所采用的传统方法—失蜡法就是一种符合排除再生原则的方法。其做法是先用蜂蜡制作铸件模具，然后用耐火材料制作外框，当加热烘烤后，蜡模会熔化从而形成阴模，最后再往空腔内浇铸金属溶液，待凝固后去掉外框即可成型。如图 2.66 所示为使用失蜡法制作的铜像。

图 2.66　排除和再生原则——失蜡法制作的铜像

35. 改变物理属性原则

将产品的物理属性改变，如从固态变为液态，从液态变为气态等，也可以改变其浓度、柔性、温度等。如在航天员进入太空后，由于失重现象的存在，传统的食品无法满足其需要，尤其是一些可以产生碎屑的食品还存在一定的危险性。所以航天员的专用食品大多都是膏状物，即可以像牙膏一样进行挤出的，通过食物物理属性的改变，便在一定程度上解决了航天员在失重状态下的饮食问题。航天食品如图 2.67 所示。

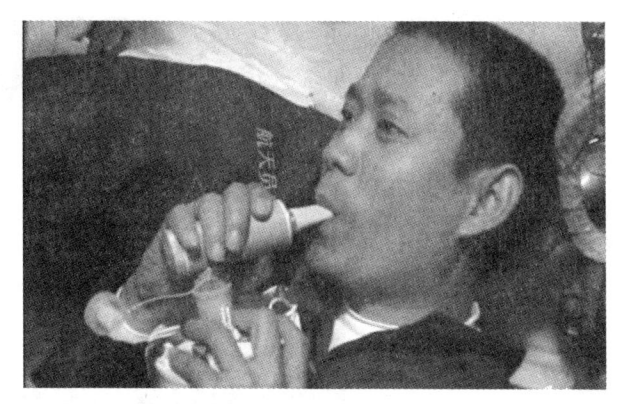

图 2.67　改变物理属性原则——航天食品

36. 相变原则

利用相变时发生的现象进行设计，如体积改变导致热量的变化等。利用相变原理，可以实现很多产品功能，比如利用干冰的升华吸收热量的现象，可以用来灭火、冷冻以及制造舞台效果等。图 2.68 所示为沙漠集水器的设计，该设计利用水汽液化凝结为水滴的物理现象实现集水的功能。

图 2.68　相变原则——沙漠集水器

37. 热膨胀原则

利用物体膨胀或收缩产生的物理现象或者在同样的外部条件下利用膨胀系数不同的材料在变化过程中的现象进行设计。利用热膨胀原理进行设计的案例有很多，如经常用到的体温计、热气球等。这里举一个利用该原理实现的创意设计，如图 2.69 所示。这是一个可以防烫手的杯套设计，当温度升高时，杯套的图案就会鼓起来，使人手与杯子隔离，从而达到隔热的目的。

38. 加速氧化原则

用具有不同化学功能的氧化剂相互替换，如用高浓度氧气代替普通的空气，用纯氧气代替高浓度氧气等等。如图 2.70 所示是一款小型臭氧发生器设计，该设计利用空气为原料，通过内部电子元件高频高压放电产生高浓度臭氧，由于高浓度臭氧是一种强氧化剂，具有良好的杀菌作用，所以臭氧发生器一般用来进行杀菌消毒。

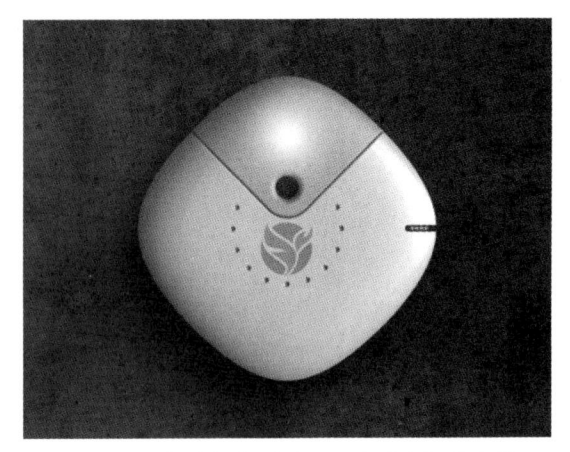

图 2.69　热膨胀原则——杯套　　　　　图 2.70　加速氧化原则——小型臭氧发生器

39. 利用惰性介质原则

利用惰性介质来代替普通介质或者直接不通过任何介质(如在真空状态下)完成产品的功能。我们身边就有很多利用了惰性介质的产品设计，如城市夜空中五彩斑斓的霓虹灯，又如现在超市中普遍应用的真空包装方法，可以有效延长食品的保质期，如图 2.71 所示。

图 2.71　利用惰性介质原则——真空包装

40. 利用复合材料原则

将由不同材料组成的复合材料代替单一材料。复合材料往往比单一材料具备更多更好的物理化学性能。以碳纤维复合材料为例，这是一种由碳元素组成的特种纤维，一般含碳量在 90%以上。碳纤维具有耐高温、耐摩擦、耐腐蚀等多种优良特性，且强度高、质轻，可塑性非常好，现已广泛应用于航空航天、体育器械、化工机械、交通工具以及医学领域。如图 2.72 所示为利用碳纤维材料制作车身的奥迪概念自行车设计。

图 2.72 利用复合材料原则——自行车

总之，TRIZ 理论具有很多优点，它是一套以人为导向的创新解决方法，有别于传统的头脑风暴方法、试错法等。TRIZ 强调发明创造的程序性，强调通过利用事物创造发明的内在规律，解决系统中存在的矛盾，以此来获得理想的解决方案。TRIZ 理论还在不断发展完善当中，但作为一套完整、科学的解决问题的方法，该理论已经通过实践，为工程技术领域的发明和管理以及社会方面的创新提供了实际的帮助。TRIZ 理论与产品设计的结合是一个可供探索的非常有价值的课题，相信随着理论的完善发展和众多理论研究者和设计师的参与，TRIZ 理论定能为产品设计创新思维的发展提供一条科学的途径。

第3章 产品造型设计综述

通过前面章节的学习,我们具备了初步的创意能力,但设计不能只停留在创意阶段。接下来,更为关键的步骤是对设计的想法进行加工,即设计的执行阶段。这个过程要遵循一定的程序与方法,要分步骤、有条理地进行。从内容上来说,产品设计的执行过程可以分为产品表现、产品造型设计、产品工程设计、产品实现等多个部分。在下面的章节中,将主要就与产品造型有关的内容进行讲解,如产品表现、产品造型设计方法等。

3.1 产品表现

产品表现是一名合格的工业设计师必备的能力,是设计师赖以表达产品概念和功能结构的专业语言。好的设计表现自己会说话,而无需设计师用大量的语言和肢体动作去解释。那么如何让设计作品自己说话呢?设计师需要具备的表现技能有哪些?下面一一加以介绍。

3.1.1 产品设计草图

产品手绘草图是设计师最常使用的设计表现手段,也是设计师在创作初期主要的表达方式。手绘草图多以快速表现为主,用来记录设计师的想法、展示产品设计的推敲过程以及对产品细节的刻画等。

设计师在对草图进行绘制的过程中包含着对设计的思考过程,所以不要为画草图而画草图,要深刻理解草图绘制在整个产品设计过程中的重要作用。有些设计初学者在绘制草图的时候过于追求流畅的线条和炫丽的表达效果,往往忽视草图绘制过程中应该存在的设计思考过程,流于形式的同时也使草图设计失去了实际意义。

当然,能够拥有优秀的手绘表达能力是每一个设计师所应该追求的,优秀的表达更有利于设计师与人进行设计方案的沟通,也有利于设计师获得更多被认可的机会。但优秀的表达不能以损失设计的本质目的为代价,那样就会本末倒置,最终得不偿失。基于这种目的,也考虑到并不是每一个设计师都有出色的手绘表达的天赋,手绘草图的表现只需要达到一个基本的水平,即可以表达清楚产品的造型特征和基本的结构特征,能够无障碍地与人进行设计上的沟通,而无需刻意追求华丽效果和飘逸的线条。因为工业设计专业每年都会招收大量没有经过美术训练的理工科学生,这些学生只要具备了美学常识和基本的表达能力,照样可以成为一名合格的设计师!

产品手绘草图的表现效果往往受到工具的制约。在电脑还没有普及,计算机辅助设计尚处于起步阶段的时候,产品的效果图主要依赖于手绘的方式来表现,这自然要耗费很长的时间，且修改起来极为不便，效率很低。写实效果图如图 3.1 所示(见彩图)，主要用到了水粉颜料进行绘制。

图 3.1 手绘写实效果图

后来随着计算机辅助设计的发展，设计师的双手被解放出来，不必再绘制写实的产品效果图，手绘表达改为多以快速表现为主。但受到工具的限制以及绘制手法的演变需要一个过程，当时的快速表现也多用绘制写实效果图的手法和工具进行绘制。当时所用到的快速表现手法包括水粉底色法、透明水色法、归纳法、高光法、钢笔淡彩法等，可说是设计草图的"雏形"阶段。水粉底色法绘制草图效果如图 3.2 所示(见彩图)。

图 3.2 水粉底色法快速绘制产品草图

再后来随着工具的演进，比如马克笔、色粉、彩铅等工具被广泛应用，其表现的方法、形式和效果就发生了根本的变化，绘制的速度也更快，更有利于捕捉设计师稍纵即逝的想法。曾经风靡一时的日本设计师清水吉治的草图即是用水性马克笔和色粉为主要表现材料，并借助尺规等专业工具进行绘制，如图3.3所示(见彩图)。

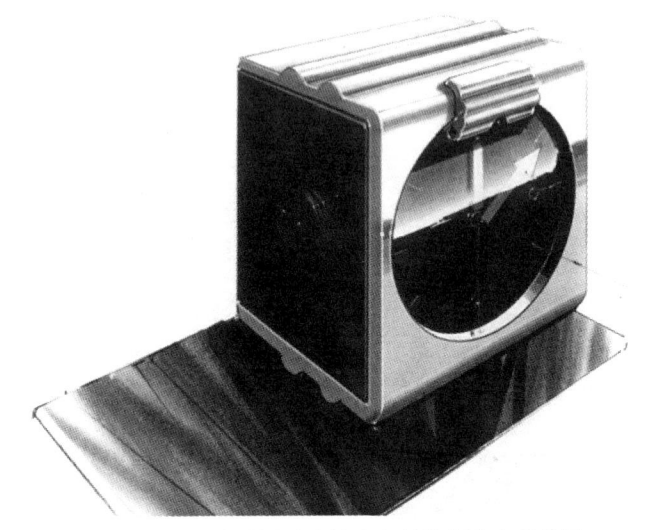

图3.3　清水吉治用马克笔和色粉绘制的产品草图

及至目前，马克笔仍旧是产品手绘的主要工具，具体来说，马克笔可简单分为水性和油性两种，而油性马克笔更加受到工业设计师的青睐。除此之外，彩铅也是应用广泛的绘图工具，它可以单独使用(如图3.4所示(见彩图))，也可以配合马克笔一起使用。如在国内备受推崇的Carl Liu(刘传凯)的手绘就主要用到了马克笔和彩铅，如图3.5所示(见彩图)。

图3.4　彩铅绘制产品草图

数位板的出现和普及最有可能对现在以马克笔为主的绘图方式构成挑战。这种基于电脑绘图软件的工具模拟现实生活中的画笔和画布，具有很强的可操作性。更重要的是，数位板的操作很快捷且实现效果更为容易，还能存储为电子文件，具有传播快捷的优势。数位板效果如图3.6所示(见彩图)。

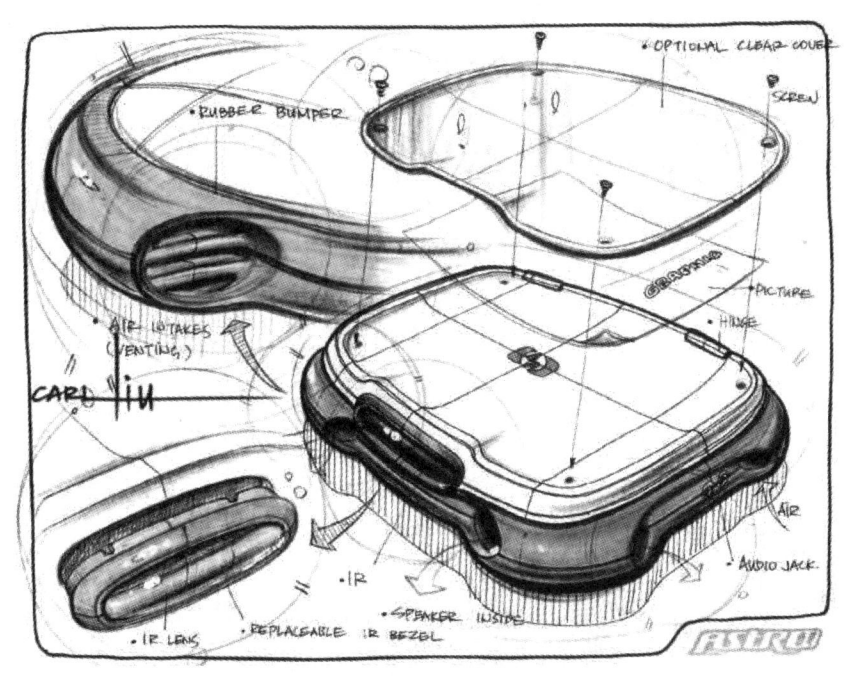

图 3.5　马克笔和彩铅绘制产品草图

图 3.6　数位板绘制产品草图

其实，无论使用什么工具，使用什么方式进行草图设计，其根本目的都是一致的，即用最快捷的方式记录和推敲设计想法，是设计由想法变为实际产品的第一步。

3.1.2　产品设计效果图

产品设计效果图不同于产品设计草图，是在设计定型之后输出的最终产品效果，要对产品的造型、材质、色彩、结构等诸多要素进行精确的表达。产品效果图往往是设计师最终提案时的效果展示，在产品设计的过程中具有举足轻重的作用。至于效果图的表现工具，现在是以计算机辅助设计为主，常用的软件包括四种类别：平面类软件，如 Photoshop，Illustrator，Coreldraw 等；三维表现类软件，如 Rhino，Alias，3Ds Max 等；三维工程类软件，如 Solidworks，Pro-E，UG 等；渲染软件，如 Keyshot，Vary 等。这些软件的表达方式各有侧重，不必全部掌握，每一类别只需掌握一两种即可。笔者目前使用的软件组合是 Photoshop，Coreldraw，Rhino，3Ds Max，Solidworks，Keyshot。

其中，Photoshop 为目前最流行的像素图处理软件之一，其强大的功能可以涉及到多个设计领域，而 Coreldraw 和 Illustrator 类似，是一款优秀的矢量图绘制软件，广泛应用于商标设计、版式设计、插画设计等诸多方面。像素图处理软件和矢量图处理软件在使用的过程中可以相互补充，相互配合，二者皆可以用来绘制产品效果图，尤其是在产品正侧视图的绘制中具有得天独厚的优势。如一些专业手机设计机构主要用平面设计软件对产品效果图进行渲染(图 3.7)。

图 3.7　使用平面软件渲染产品效果图

在三维表现类软件中，Rhino 和 Alias 同为优秀的 NURBS 建模软件。NURBS 是非均匀有理 B 样条曲线的英文缩写，是一种基于数学计算的控制物体曲线的建模方法。它能够非常精准地控制曲线和曲面造型，实现工业级的建模效果。所以，产品设计专业的建模多以专业的 NURBS 软件为主(图 3.8)，如上面提到的 Rhino 和 Alias。而 3Ds Max 则代表了另一种建模的方式，主要应用于角色建模，如生物体、动漫形象等方面。同时

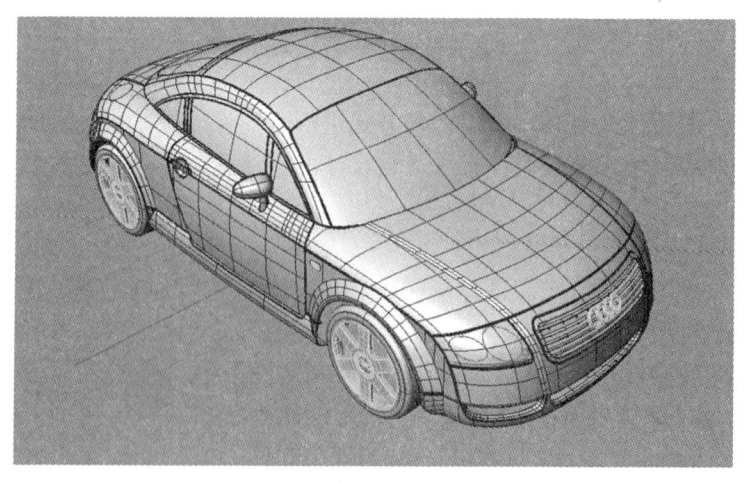

图 3.8　使用三维表现类软件(Rhino)建立的汽车模型

3Ds Max 还具有出色的动画制作能力，设计师可以借助该软件制作产品展示动画。较早的时候，由于 Rhino 等软件的渲染功能较为欠缺，产品设计师经常借助 3Ds Max 进行产品的渲染工作，因为 3Ds Max 可以兼容很多优秀的高级渲染插件，从而实现照片级的产品效果图。但现在广泛使用的 Keyshot 以及 Vary 等渲染软件可以直接对 Rhino 模型进行渲染，不再依赖 3Ds Max 的渲染功能。但尽管如此，还是建议大家掌握好 3Ds Max 软件，它是新媒体设计领域不可或缺的设计工具之一。

Solidworks，Pro-E 和 UG 同属于工程类设计软件，在传统认识里，这些软件是机械设计专业和模具设计专业的专用工具，但现实生活中，越来越多的产品设计人员直接使用这些软件来创建模型。这是因为工程类软件有着自己独特的优势，比如其参数化的建模方式可以让设计者有更改模型的机会，也可以通过软件更好地和结构工程师进行交流等。而且，这些软件的曲面建模能力也在随着版本的升级不断得到加强，完全能够应对工业设计对于复杂曲面的建模需求。使用工程类软件建模的示例如图 3.9 所示。

图 3.9　使用三维工程类软件(Solidworks)建立模型

最后要说的是渲染工具，Keyshot 是目前较为流行的即时渲染软件，其方便快捷的操作方式和大量默认的材质效果以及灯光场景可以让设计师不用过多设置便可以实现出色的渲染效果。Vary 作为一款优秀的高级渲染插件，可以集成到 3Ds Max，Maya 等软件中，现在也可以植入 Rhino 软件，可说是广大产品设计师的福音。曾几何时，效果图渲染是一项繁复的工作，其耗费的时间和工作量丝毫不逊于建模过程，但现在越来越趋于简便化和"傻瓜"化，这是一个好的趋势，同时也会带来一些不良影响。其实，若想学习渲染，必先深刻理解渲染的原理，对其灯光、场景、材质、摄像机等关键要素的作用和相互关系有一定的综合把握能力，才能运用自如。一些渲染器看似操作简单，但若想实现高级的渲染效果，同样需要有较多的参数设置，此时如果对渲染的原理知之不多，则很难对软件进行正确操作。

3.1.3　工程制图

工程制图是工程设计的一个重要过程，在工科类的专业中，工程制图是一门重要的基础必修课。它以画法几何的投影理论为基础，旨在培养学生的空间想象能力和工程设计构思能力。工程制图是一种世界范围内的通用"工程技术语言"，是产品生产过程中必不可少的技术文件。

之所以在这里将工程制图作为产品表现的一种方式进行概述,是考虑到产品造型设计和工程技术衔接的必要性,设计师必须了解基本的工程技术语言,了解制图的基本知识,掌握制图的基本技能,了解制图的国家标准和规范,并且能够准确识别和读取制图信息等。

值得一提的是,现在的工程制图教学还是以基础教学为主,绘制对象多为机械零件,很少有针对产品设计专业学生的教学模块。而产品设计专业有其特殊性,除了要求掌握工程制图的基本知识和原则之外,还应能针对种类繁多的不同产品进行工程图绘制,如塑料制品和钣金产品,其加工方式、成型方式、表面处理方式等多方面有着很大不同。所以,在工程制图基本原理学习的基础上,在设计类专业有针对性地开设一门专业制图的课程势在必行。产品工程制图如图 3.10 所示。

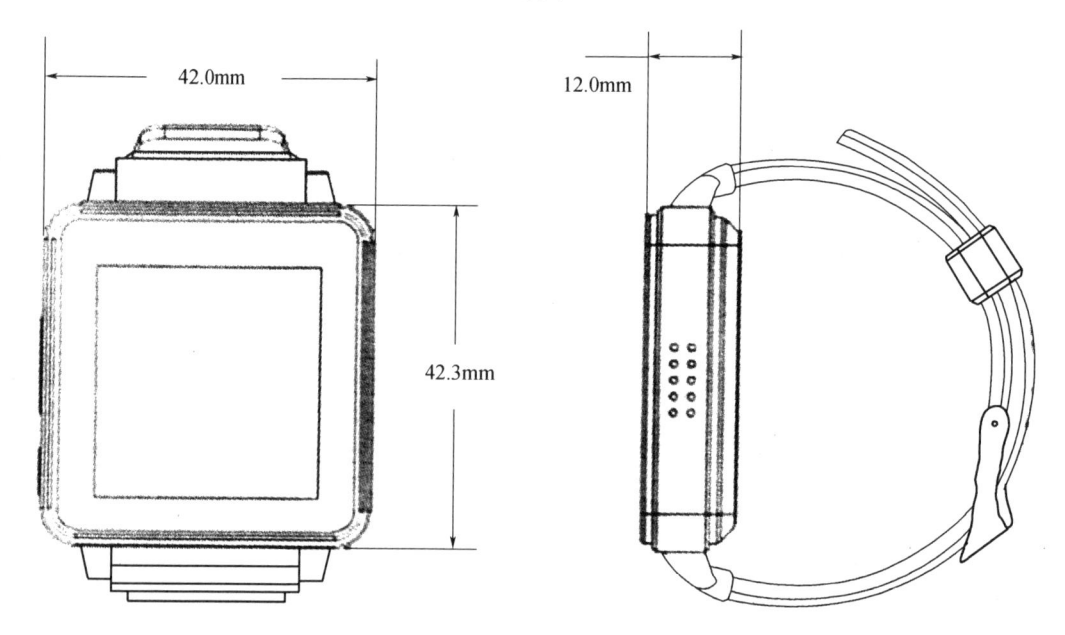

图 3.10　产品工程制图

3.1.4　产品模型制作

产品模型制作是产品设计专业学生的必修课。一件产品的完成最终是以实物的形式呈现出来,只有实物模型才能够给人以最直观的感受和体验,所以,模型制作在产品表现阶段至关重要。产品的很多细节需要在这个阶段进行验证,比如一个手持工具的设计,无论是草图绘制和计算机辅助设计,都没有办法验证该产品的具体使用状态,以及用户在使用时的舒适度、易用性和安全性。而通过制作等比例的产品模型后,设计师可以通过亲身体验来感受设计的优劣,以此提出具体的修改方案。

产品模型制作根据材料的不同有很多方法,常见的方法如下:

1. 石膏模型

石膏是一种硫酸钙矿物质,是无色、板状结晶体。用于模型制作的石膏粉是脱水后的无水硫酸钙。之所以选择石膏粉作为模型制作的材料,是因为它质地细腻,成本低,较容易获得，且与水融合后极易凝固成型，比较适合于浇注成型。石膏在凝固后也具有较好的加工性能，可以使用修形刀对造型进行修整并用砂纸打磨。

石膏模型的成型方法主要有三种，分别是模具成型、旋转成型和雕刻成型。

(1) 模具成型的方法是一种反求成型的过程。首先要设计一个凸模，凸模的制作一般选择其他材料，如粘土、油泥等，需要注意的是，凸模的表面必须打磨光滑，以有利于以后脱模的方便。第二步是制作负形，将制作好的凸模放好，四周加以挡板，挡板的高度要高过凸模，然后向挡板围合成的空间内注入混合好的石膏，直到石膏浆完全盖过凸模为止。然后将石膏置于通风干燥处，静待石膏硬化后进行脱模的操作。脱模的过程是将凸模从石膏体中取出，用来形成一个负形的空腔，如果因为脱模时造成了石膏模型的损坏，或者由于石膏气泡形成的凹陷，则需要用石膏浆进行填补并修理平整。需要注意的是，在制作负形之前，要在凸模和挡板上粉刷脱模剂，这样会使凸模更容易脱出。第三步是向负形内浇注石膏溶液，浇注前需将石膏负形的浇注口向上静止平放，并在负形内壁粉刷脱模剂。如果负形是由多个模块组成的，则需用绳子将所有模块捆紧，防止石膏在浇注时从模块的接缝中溢出来。第四步就是等待石膏凝固变硬后，进行开模的操作，取出模型。当然，开模直接取出的模型还需要进行细部的加工，以完善细节。我们所常见的用来画素描的石膏模型(图 3.11)就是用这种方法制作出来的。

图 3.11　模具成型制作石膏像模型

(2) 旋转成型的做法是将一个事先准备好的石膏模型粗坯，用旋转刮削的方法将多余的部分去掉，从而形成一个光滑模型的过程。这种方法非常适合制作一些标准回转体的模型。注意在制作之前先要设计好一个用来刮削的负形模板，一般用塑料板或薄木板来制作，如图 3.12 所示。

(3) 雕刻成型更容易理解，在制作之前参照模型外观制作一个大于模型尺寸的粗坯，然后用相关工具对模型细节进行雕刻，直到接近预想的产品外观。雕刻的过程中要先修出大型，注意要留有足够的余地，便于修改，雕刻时要不断用轮廓板对模型的造型进行修正，同时用砂纸配合刻刀进行边角和过渡细节的处理。这个过程要不断反复，直到完成最终效果，如图 3.13 所示。

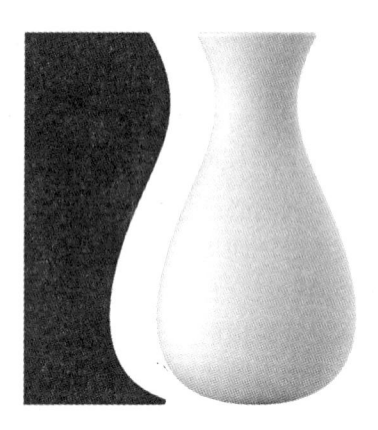

图 3.12　旋转成型制作花瓶模型　　　　图 3.13　雕刻成型制作跑车模型

2. 油泥模型

油泥模型制作具有效率高和真实性的特点，所以一直是产品设计专业模型教学的重点之一，其在汽车设计行业中经常作为车身模型制作的首选方法。油泥模型的制作过程是一个雕刻塑形的过程，所用到的手法与雕塑极其类似。

油泥模型的加工过程中，主要有两个不断重复的步骤：填敷操作和刮削操作，即在造型的过程中不断做加法和减法。下面简要介绍油泥模型的制作过程。

首先，要对油泥进行烘烤。油泥在烘烤状态下会变软，油泥的填敷操作必须要在油泥软化的状态下进行。在油泥烘烤的时候要注意对烤箱温度进行精确控制和对油泥进行均匀加热，这会直接影响油泥的加工性能。第二步，制作油泥模型的胎基。胎基是用来支撑油泥的骨架，对于较大体积的油泥模型来说，胎基的制作非常重要。制作胎基的材料可以是泡沫、铁丝、塑料板、木板等，往往这些材料要综合起来使用，并没有一个固定的模式，但要注意胎基的尺寸要小于模型的实际尺寸，其余的部分用油泥来补足。第三步，制作好模型的"骨架"后，接下来就可以进行最重要的一个环节——填敷油泥了。填敷油泥是为模型的造型塑造一个粗坯，这是做加法的过程，具体操作类似于做雕塑时的"上大泥"一样，但不同之处是填敷时要注意保证油泥的致密性，即要不断对每一层填敷的油泥进行压实。填敷油泥主要用手工实现，一般用拇指进行油泥的推填，用弯曲的食指进行油泥的勾填，如此反复，一次可填敷油泥的厚度是 2～3mm。在油泥填敷的同时，还要不断用模型的轮廓板对油泥的填敷量进行检测；最后一步是对油泥模型进行刮削，这是做减法的过程。油泥刮削分为粗刮和精刮两个阶段。粗刮是对模型的大形进行塑造的过程，主要是根据图纸和模板去掉多余部分，填补凹陷的部分，这是一个反复的过程。粗刮模型主要用刮刀和模板配合进行，刮的过程中要由整体而局部，主要确定模型的基本形，不要过多对细节进行修饰。粗刮完成后就进入到精刮油泥的阶段，这也是油泥模型制作的最后阶段。精刮主要是对模型的细节进行刻画，这些细节包括模型小的造型面、小的部件、面与面之间的转折过渡以及模型表面光顺度的处理等。模型细节的刻画主要用到各种形状的刮刀，也可以自己制作一些特殊功能的模板。制作完成后的油泥模型如图 3.14 所示。

图 3.14 油泥模型

3. ABS 塑料模型

在塑料模型的制作中，ABS 是一种常用的材料，它是一种用途广泛的热塑性工程材料，具有良好的抗冲击性、耐热性、耐化学性以及绝缘性。之所以将 ABS 作为模型制作的材料，还因为其便于加工，可以对模型尺寸进行精确控制，且表面附着力好，方便对模型表面进行加工处理，如喷涂、着色、粘接、电镀等表面工艺。

制作 ABS 塑料模型的加工方法主要包括切割、粘贴、压膜等，需要准备的工具包括尺规、美工刀、烤箱、粘接剂、注射器等。一般情况下，ABS 模型的制作主要分为五个步骤，下面我们以鼠标模型的制作为例进行简要说明。

(1) 制作石膏模型。根据鼠标的具体尺寸制作一款外形一致的鼠标模型，考虑到后期的压模处理，需要将 ABS 板的厚度计算在内，模型的尺寸可以稍微小一些。石膏模型的制作方法在这里不再赘述，石膏模型的作用是为后面的压模处理做准备。

(2) 裁切 ABS 板材。进行压模的 ABS 板的厚度一般选择 1.2～2mm，由于其受热后有一定的伸缩比例，所以压模之前要裁切大于鼠标尺寸的板材。如果需要尺寸参照，可将鼠标的工程图放大 1.2～1.5 倍，以放大后的尺寸图做参考。

(3) 对 ABS 板进行压模。在压模之前，用烤箱对裁切好的 ABS 板进行加热，加热温度一般设置为 160～180℃。当板材加热好后，操作者需戴好隔热手套，迅速从烤箱中将 ABS 板取出，将其放置到石膏模具上。如果同时制作了石膏阳模和阴模的话，应快速使用两个模具将软化的 ABS 板进行挤压，受力后的板材会形成一个和模具形状一致的壳体。而如果没有制作石膏阴模，也可以用手放置到石膏阳模上进行按压，此时更加需要用力的均匀，避免 ABS 板因受力不均而产生形变。

(4) 切割和打磨模型。由于在裁切时预留了板材的余量，加之挤压的过程中 ABS 板材边缘的部分会有不符合模型造型的形变，所以，需用工具将这些部分切除。此时可以使用线锯、钢锉、砂纸等工具先将多余部分进行整体切除，再修饰切除后的细节。模型的每一部分都要单独制作并切割，切割好后需要对每一部分的模型进行拼接，进行拼接常用的粘合剂是三聚甲烷，这种粘合剂具有较强的结合力。将粘合剂用注射器注入模型的接缝中，利用三氯乙烷的良好附着力和挥发性，并借助外力的作用，从而实现最终的拼接效果。在模型的压模、切割和拼接的过程中，会在模型表面形成很多的凹痕，这时就要用到原子灰进行修补，这种填充材料可以将凹痕填平，然后用不同粗细的砂纸对模型表面进行打磨，直到实现光滑的表面效果。

(5) 模型的后期处理。打磨完成后，最后一步要对模型进行表面处理，实现不同的色彩和肌理效果。这时最常用和节省的表面处理方式是用自喷漆对模型表面进行喷涂。

注意喷涂的时候要保持合适的距离，手持喷漆罐均匀移动，以便实现均匀的喷涂效果。制作完成后的鼠标模型如图 3.15 所示。

图 3.15　ABS 模型

4. 聚氨酯泡沫模型

聚氨酯泡沫可分为软质和硬质两种，前者主要用于制作海绵、软垫等产品。后者具有较高的强度和较好的加工性能，不易变形和收缩，非常适用于制作较为精细的模型。

聚氨酯泡沫模型的制作一般是一种做减法的过程，即主要用到切削加工的方式，其制作过程可以简要概括如下：

聚氨酯泡沫一般成块状，如果厚度不够也可以多层粘接到一起。首先，用笔在材料侧面绘制参考线，画的时候要留有一定的切削余量。然后用切削的方法根据参考线把多余的部分去除。切削的工具可以是线锯、钢锯、美工刀或电热丝。接下来就是打磨阶段，用木锉和砂纸对模型进行较为精细的加工，这个过程要有足够的耐心，并反复与图纸进行对比；如果模型是分块单独制作，在打磨完成后要考虑将各个部分进行粘接，粘接剂可以用乳胶或热熔胶。最后一步同样是表面处理，由于聚氨酯是一种发泡塑料模型，表面有无数细小的气孔，这就为表面涂饰带来了麻烦。此时可以用原子灰对模型表面进行填充和修整，然后对表面进行打磨，这个过程要反复进行，直到模型表面变得光顺。这时才可以对表面进行喷漆等操作。聚氨酯泡沫模型制作效果如图 3.16 所示。

图 3.16　聚氨酯泡沫模型

3.1.5　三维动画和虚拟现实的应用

三维动画是随着计算机技术发展而兴起的一种虚拟演示技术。三维动画的实现需依赖专业的动画制作软件，如 3Ds Max，Maya 等。设计师需要在计算机中建立一个虚拟的世界，然后在这个虚拟世界中设定要表现的动画角色。具体表现则要通过建立角色的数字模型，为模型赋予材质，并在场景中设置灯光，最后为动画角色设置运动轨迹、摄像机运动轨迹等参数。当一切设置完成后，计算机会计算将要生成的动画效果。

三维动画能够表现真实动态的场景效果，是一种非常优秀的产品展示手段。其被广泛应用于教育、军事、多媒体等行业，尤其是在影视广告领域得到了充分的重视和利用。当然，三维动画的制作过程中还会涉及若干相关领域的技术知识，如影视后期处理、三维数字影像拍摄、音频处理等。

三维动画技术可以将产品的使用过程、机构运转方式、产品的生产流程等方面进行模拟，给人以非常直观的印象，可以提高产品设计的表现力，是产品效果表现的重要方式。建议产品设计专业的学生和从业者都应该掌握一定的动画制作技能，熟悉几种常见的动画生成方式，同时掌握一款视频后期处理软件，如 After Effects 等。对于产品设计动画演示来说，最常用的工具是 3Ds Max，可以将模型导入该软件中进行动画设置，另外一些建模软件和渲染软件也具备动画制作的功能，如 Solidworks，Keyshot 等。

作为一种新型的演示方式，虚拟现实技术和三维动画有着类似的表达方式，也是将表现对象置于一个虚拟的场景中，对象也是以三维模型的方式进行展示，模型上赋有接近真实的材质，场景中设置有灯光、摄像机等。而虚拟现实技术又有着不同于三维动画的基本特点，它是一种以交互性和沉浸感为基本特征的人机互动技术。虚拟现实综合利用了计算机图形学、多媒体技术、人工智能等多种技术，激发使用者视觉、听觉、触觉等感官，使人沉浸在这个虚拟的环境中，给人以身临其境的感觉。

虚拟现实技术应用于产品设计行业，可以将产品以更加真实的方式展现出来。使用者可以通过设定好的程序在虚拟空间中对产品进行具体操作，如可以根据使用者的意愿对产品模型进行实时观看，对产品的使用过程进行演示，甚至根据自己的喜好更换产品的材质、颜色、界面等。

相对于三维动画较为被动的展示方式来说，虚拟现实较强的交互性对用户来说具有更大的吸引力。不仅如此，虚拟现实技术的优势还体现在产品验证阶段，通过该技术对产品进行物理仿真、运动仿真等，可以让设计师即时对产品的相关性能进行检测，而不需要制作实物模型，在一定程度上节省了人力和财力，还可以缩短产品的设计周期。如图 3.17 所示为一个钻井平台的虚拟现实演示场景。

图 3.17　虚拟现实技术

3.2 产品造型设计

产品造型设计是产品设计的重要组成部分，也是产品中最能直观反映设计品质的部分。产品造型设计的风格和特点具有时代性和历史性，与所处时代的科技文化形态、人们的生活习惯等息息相关。

产品造型的时代性主要取决于特定历史条件下的科学技术水平和文化审美观。产品设计是一门涉及科学和艺术的边缘学科，是运用艺术表现的手段塑造具有一定功能、结构和材料工艺的产品的过程。科学技术一直是产品设计发展的驱动力，这种推动力量具体体现在产品的功能实现、结构实现、工艺水平、材料运用、人机工程学运用等诸多方面。如在工业革命前，产品的生产工作主要依赖于手工劳动，产品的造型和工艺表现具有明显的手工艺时期的特点。而制造机器的出现并在生产中广泛运用，使产品的生产由手工劳动变为机械化生产，由此而产生了标准化和大批量生产的概念，产品也形成了具有机器美学的设计风格；艺术表现是一种社会文化现象，具有更强的时代感。比如在物质相对匮乏的时代，消费者对于产品的功能需求大于情感需求，在这种以物的功能作为主导的设计模式下，产品造型处于从属地位，是为"形式追随功能"。而随着人们物质文化水平的提高，产品的技术和功能趋于同质化，消费者更多地关注产品带给人的精神体验感。这种以人为本的设计模式是现代设计的主导思想，造型的美感应能从一定程度上体现人类的精神诉求。但随着科技的进步，造型所传达出的信息已经不能满足于消费者日益提高的需求，新的设计思想不断涌现，如现在炙手可热的交互设计，就是一种着重于用户体验的新兴设计方向。

总之，科学技术催生着具有不同功能的新产品的出现，它更新着产品的功能需求，社会文化的发展和进步引领着消费者的消费意识和审美情趣，它引导着产品的精神需求。现代产品设计是一个综合的系统设计工程，涉及工程技术、价值工程、造型美学、心理学等学科。造型设计只是这个系统工程的一部分，如何利用现代的技术生产条件，设计出符合用户精神需求的、具有时代特征的功能性产品，是现时代对产品造型设计的本质要求。

3.2.1 产品设计的形式美法则

美学是关于美的研究的科学，这是一个宽泛的领域，至今没有一个固定的概念，但对于产品设计来说，美学是通过总结人们生产实践过程中对"美"的共同认识规律，并依据这些规律创造出符合人类审美观的造型设计的过程。产品美学要达到内容与形式的统一、功能与造型的统一，才能真正给人以美的感受。产品设计的美学法则包括如下几方面：

3.2.1.1 造型的统一

统一性在产品造型设计中非常重要，它通过相同设计元素的反复运用，给人以稳定、确定的产品形象，还能给人以视觉上的宁静感。造型元素的统一性广泛应用于同质产品的设计中，比如手动工具设计，具有共同的符合该类别产品的造型特点(如图3.18所示)，这在设计上称为有共同的设计语义特点。通过统一性原则的运用，就可以使消费者在感官上对同类别的产品有一个直观感受，从而产生心理上的安定感和归属感。产品造型设计的统一性还可应用于同一系列的产品设计中，如同一品牌不同款型的汽车产品设计(如图3.19所示)，为了体现产品的品牌价值和家族特征，设计师要总结和提炼符合企业形象的符号化的语言，应用到不同的产品中。这是一个企业为了塑造其品牌价值所采用的重要手段之一。

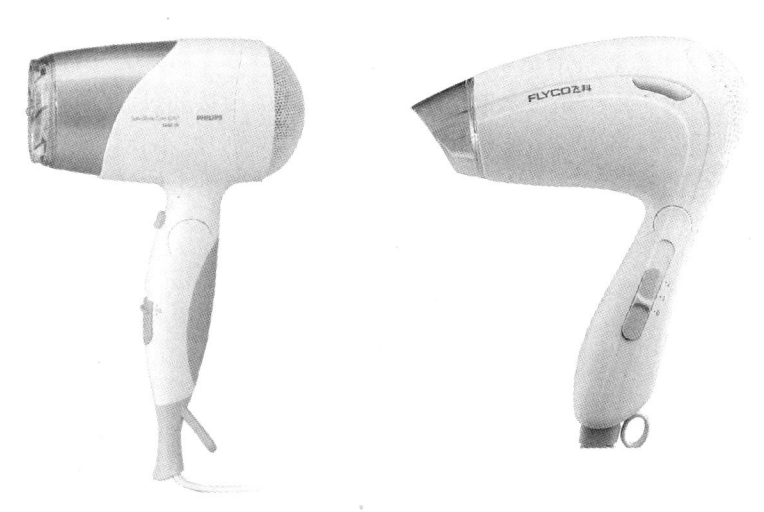

图 3.18　吹风机具有统一的设计元素

图 3.19　宝马 3 系和 5 系具有统一设计元素

当然，产品造型设计的统一性原则在同一件产品的具体设计中的作用更加重要，它是使产品形体具有条理性和一致性的重要手段。切忌在造型过程中出现不同风格的造型和色彩细节，这就会使形体整体感觉杂乱无章，没有重点，造成使用者感官上的负累。要实现产品造型上的统一性，可以利用下面的设计手段：

1. 线型风格的统一

线型风格决定了产品整体轮廓感觉的造型风格，涉及产品造型的边缘线、转折线、转角线、美工线等。以大家熟悉的流线型风格为例，它通常表现为平滑而规整的造型面，整体没有大的起伏变化和尖锐的棱角。这就要求产品的整体造型曲线要体现出符合流线型特征的趋势，在趋势方向上不能出现剧烈的起伏变化。如图 3.20 所示的订书器设计，其形体中线型的设计趋势非常统一，能从视觉上给人以流畅、舒适的感觉。

图 3.20　订书器线型趋势

如图 3.21 所示机械装备的造型设计，整体采用了平直的线条，干净利落，体现了机械装备产品的效率感。由于是钣金制造，面与面之间的衔接和过渡保持了较小的圆角，这与产品整体硬朗的风格实现了统一。当然，这里面的统一性不止体现在线型的风格上，材质的感觉、颜色的选用等诸多方面也实现了产品整体风格上的统一性。

图 3.21　机械装备造型设计

2. 材质感觉的统一

产品设计中对于材料的把握至关重要，材料的不同性质会对设计产生深远的影响。在具体的设计中，材料会在触觉和视觉上给人传达信息，主要包括材质的肌理、色彩、光泽等。在产品设计中，通常会以一种材料为主，以其他材料为辅，这会给人以统一的知觉感受，增强产品设计的统一感。如图 3.22 所示木质椅子的设计，用了很多细碎的木块进行拼接，木块的颜色也不统一，整体看来较为杂乱。但这个设计同样会给人以整体感，使人觉得这些不规则拼接的碎木放到一起是有逻辑感的，这便是统一的材质感给人带来了一定的统一性，在一定程度上弱化和弥补了产品琐碎的细节带给人的不安定感。

图 3.22　椅子材质统一感

相比于视觉，材质带给人更多的是触觉上的感受，触觉体验来源于人们的生活经验，设计师巧妙利用材质的这种属性可以给使用者带来多样的触觉体验，体验的连续性取决于材质的统一性，体验的层次感取决于材质的合理搭配。但无论如何，一个产品应给人恒定的体验感，这也是塑造产品统一气质的要求。

3. 色彩的统一

产品造型设计中的色彩运用要和产品本身的特质和产品所面向的消费群体相关联。就像不同类别的产品具有统一的造型语义一样，它们也会有统一的色彩语义。比如银行办公用品的色彩运用就要给人以稳定感、安全感和效率感，而消费电子产品则要体现时尚感、科技感和便捷性等心理诉求；而有确定目标人群的产品则要和他们的生理心理特点、审美情趣相协调。如老年人产品的色彩搭配要稳重保守一些，儿童产品则要鲜艳活泼一些。

除非有特别的必要(如儿童产品或某些带有民族特色的旅游用品设计可能需要多种色彩)，产品设计中使用的色彩不宜过多，应以一种颜色为主，并且要占据较大比重，其他颜色与之搭配使用，不能喧宾夺主。如需大面积的其他颜色，建议选择黑白灰等无彩色系，这是一种较为保险的做法。同时，不同的颜色之间也要注意调和，调和的方法可以分为明度调和、纯度调和、色相调和、面积调和、位置调和等。简言之，就是让不同的色彩间具备共同的元素(如明度、纯度等)或在视觉上达到空间上的均衡(如面积、位置等)。

如图3.23所示轮椅的设计(见彩图)，整体采用了橙色作为产品的主色调，这一色调体现到了靠背、坐垫、轮圈、脚踏等多个部位，形成了视觉上的连续性。除了主色调之外，为了整体上的协调性，设计采用了无色系作为辅助色，既起到了调和的作用，又给人以踏实稳重的感觉，色彩上也能体现层次感，起到了视觉缓冲的作用。

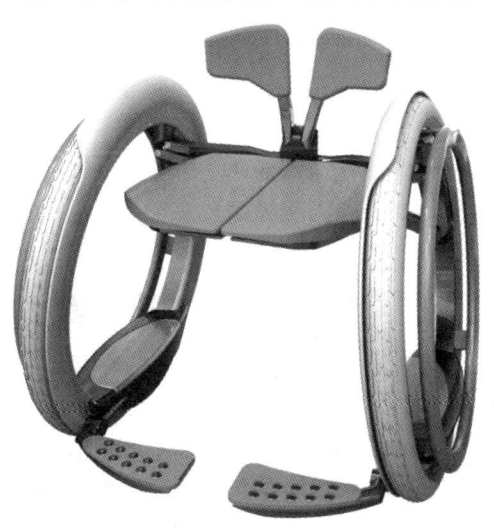

图3.23 轮椅设计

而图3.24儿童玩具的设计(见彩图)则采用了多彩色，这就要涉及色彩调和的问题。首先保证色彩的基调是黄色和红色，这两种颜色属于同一色系，这样就形成了主视觉。而蓝色与上述两种颜色从色相上形成了对比关系，如果不加调和的话就会形成较大反差，造成视觉上的负累。在该设计中通过明度和纯度两方面将蓝色与黄色进行了调和，看起来两种色彩的对比关系柔和了很多。

图 3.24 多彩色的儿童玩具

3.2.1.2 造型的变化

如果说造型的统一性是为了使产品给人以稳定感，那么造型上的变化则是为了让产品更加生动和活泼。只有统一而没有变化，造型则显得平淡无特色。所以在产品造型过程中，应在保证统一性的基础上，充分考量变化与统一的关系。产品造型上的变化同样可以从以下几个方面来体现：

1. 线型风格的变化

在保证整体轮廓线型风格统一的基础上，适当在一些细节处理上与整体风格形成一种弱对比的关系，则可以使形体富于变化，形成视觉上的层次感。线型的对比变化主要包括直线与曲线的对比、线型粗细的对比、线型长短的对比、线型虚实的对比等。

如图 3.25 所示，诺基亚 N9 的手机设计，其机体正面线型采用平直的大线条，使造型看起来挺拔、简洁，但在细节处理上，又糅和了很多曲面元素，如在手机端面的圆角过渡和手机侧面线端部的收敛，都使诺基亚 N9 在造型上既简洁大方，又有了一种妩媚的感觉，再配以质轻并色彩鲜艳的聚碳酸酯塑料，给人一种惊艳的感觉。

图 3.25 诺基亚 N9 造型设计中的线型变化

2. 材质的变化

如前所述，材质设计是产品造型设计的重要组成部分，它为人们传递了一种触觉的体验，设计师可以通过产品材质的巧妙搭配为用户营造富有层次感的触觉感受。同时，不同材质间也会触发微妙的"化学"反应，使得设计更有利于表达其主题和本质含义。所以，材质是一种会讲故事的媒介，一个富有表现力的产品应该通过材质之间的搭配，将产品的故事娓娓道来，并像密码一样存储到这个媒介中。这样，当使用者用眼睛去触摸这件产品时，就会把材质密码翻译成一个个生动的故事情节。如图 3.26 所示灯具设计，其主体部位是灯罩部分，采用薄瓷材质，形体向下延伸为灯具的基座，则采用木头材质。材质的区分巧妙分隔了灯具不同功能的两部分，二者虽然材质不同，但造型有延续性，所以视觉观感上很流畅，没有被切断的突兀感。而从材质的对比上来说，人的目光自上而下流淌的时候，由陶瓷光洁而凉滑的质感逐渐转入木纹的温暖而稍嫌粗涩的质感时，仿佛是指尖滑过了这两种材质，就有了一种很美妙的体验感。这种材质变化带给人的感官体验层次感是提升产品表现力的重要手段之一。

图 3.26 灯具设计中材质的变化

3. 色彩的变化

色彩的变化可以发生在不同的颜色之间，形成色相对比，也可以发生在同一种颜色之间，形成明度和纯度对比。无论什么形式的对比，都可以在色彩的观感上形成冷暖、明暗、进退等对比关系。另外，采用与主体色调不同的有一定对比效果的颜色，能够区分产品不同的功能区，还可以起到强调和画龙点睛的作用，如一些电子产品的开关和按键设计，尤其是仪器的报警部位，通常会选择识别力比较强的颜色，如红色等。

色彩的设计既要与产品本身的功能特点相适应，也要充分考虑产品的使用环境。如机床的设计中，主体颜色应该选择明度和纯度较低的色调或者较深的无彩色系(深灰色)，以此来体现产品的稳重感和安全感。但过多使用这种色调又会使产品显得沉闷，这就需要在设计中添加与主体色调相协调的明度较高的颜色。

如图 3.27 所示激光打印机的设计(见彩图)，整体色调为深灰色，凸显了机器作为较大型装备机械应该具备的稳重感。同时，机器的操控区以蓝色和浅灰色分别进行分割设计，将操作区与主体进行区分，方便了使用者操作。机器的腰部以红色进行分割，除了增加色彩的层次感之外，也将机器的工作区与底部进行了分隔，有一定的功能意义。另外，机器侧面的金属色也在明度上与主体色调形成对比，为机器的整体色调提亮不少。

图 3.27　激光打标机色彩设计

4. 虚实的变化

产品造型虚实的变化是一种综合的表现，虚实对比可以是线条的密集与稀疏之间的对比，可以是材质的坚实与通透的对比，可以是造型凸起与凹陷的对比，也可以是体量的厚重和轻巧的对比等等。造型的虚实变化可以使产品看起来更有视觉的张力，使造型主次分明、层次细节更为丰富。

图 3.28 所示是一款造型简洁的茶具设计，这件美国设计师的作品由不锈钢和耐热玻璃组成，这两种材质的搭配更加强化了设计简洁利落的品质。但此处要说的不是材质的对比关系，而是透明的玻璃和不透明的不锈钢之间的对比，这正是一种明确的虚实关系对比。透明的玻璃让茶具有一种空灵的感觉，在泡茶时可以很清晰地看到茶叶在里面舒展的过程，想必这正是设计师的目的所在，与苹果公司的 iMac(图 3.29)有异曲同工之妙，在电脑显示器中通过半透明的塑料壳可以看到内部的构造。

图 3.28　茶具设计

图 3.29　iMac 电脑显示器设计

再看音箱的设计(图 3.30)，音箱网格镂空的质感和其他实体部分就构成了虚实对比，且致密的音箱网格和除此之外的空白区域也构成了虚实对比，这样就使整个产品看起来有了层次感和视觉的张力。同时，网格部分也容易成为视觉的中心，而这部分正是体现了产品属性的关键语义部分，这样就与产品的表现目的相得益彰，设计手段运用得恰到好处。

图 3.30　音箱网格和主体部分之间形成了质感和虚实的对比

3.2.1.3　造型的均衡与比例

均衡感是一种动态的平衡，它是指造型每个部分之间在体量感上的视觉平衡。造型的体量感可以由面积、色彩、材质等多个要素组成，所以是一种相互作用的综合感觉。若想获取产品造型的均衡感，就要对这些影响造型体量感的元素进行综合考虑，熟知它们各自的属性和特点，以及会如何影响一个产品的体量感等。比如，面积大的形状比面积小的形状具有更大的量感；复杂的形状比简单的形状具有更大的量感；明度低的颜色比明度高的颜色具有更大的量感；金属质感比塑料质感具有更大的量感等等。

均衡的感觉是一种整体的视觉平衡，处理好均衡的问题，应从产品的色彩设计、材质设计、细节设计，甚至表面装饰和 Logo 的位置等多方面进行考虑。如图 3.31 所示的香台设计，以不规则的"鹅卵石"堆叠成香台的主体，底盘是同样形状的鹅卵形圆片，整个造型中心倾向一侧。为了弥补量感上的不足，达到视觉平衡，在左侧放置一个椭球体，并让塔香形成的烟雾向左侧倾泻。这样，视觉整体上达到了较为平衡的状态，且布局有聚有散，有疏有密，有留白，具备了写意国画的意境。

图 3.31　香台的设计体现了视觉上的均衡

任何产品的造型都要考虑比例和尺度的问题。比例是指造型部分与部分、部分与整体之间的体量对比关系。比例适当，可以让产品造型各部分之间具有良好的协调性，观察起来更具有美感。

最为著名的一个比例关系是黄金分割比，它是一种数学比例关系。假如将整体分为两个部分，较大部分与较小部分的比值等于整体与较大部分的比值，比值约为 1∶0.618。0.618 因此被认为是最具有审美价值的数字，也称为黄金分割比。

由于黄金分割比具有重要的美学价值，所以在绘画、雕塑、建筑、工艺美术和造型设计中应用广泛，在很多艺术设计作品中可以找到它的影子。如希腊的帕提农神庙、达芬奇的名作《蒙娜丽莎》以及我国家具设计巅峰时期的明代家具，都在一定程度上体现了黄金分割比。

当一个矩形的长边为短边的 1.618 倍时，这样的矩形被称为"黄金矩形"，黄金矩形能够给画面带来美感。如图 3.32 所示，由广州乌托邦建筑设计事务所出品的储物柜设计，由大小不同尺寸的柜子组合而成，每一个柜子的边长都按照黄金分割比例来确定，柜子的分割看起来很舒服。

图 3.32　按照黄金比例进行分割的柜子设计

总之，造型的均衡和比例不可分割，适当的比例关系是使产品达到均衡的重要手段之一。均衡达到一个极致状态则为对称，对称也是产品造型美学中的重要原则，在产品造型中应用广泛，如手机、汽车、大部分家电产品等，整体上都体现了对称的关系。但在细节处理上，如按键的排布上还需考虑均衡的原则；比例离不开尺度的概念，比例体现出了产品局部与整体之间的协调性，而尺度则直接与产品的实用性相关，如手动工具的设计中，其尺寸的确定要严格参考人手的尺度，否则使用起来不舒服，这就要涉及人机工程学的概念了，在后面的章节中将对人机工程学进行概述。

3.2.1.4 造型的节奏与韵律

节奏和韵律是音乐上的概念。节奏是指一种元素按照一定的规律进行重复连续的排列，形成一种有秩序感的形式。韵律是节奏的深化，是在节奏的基础上使元素的变化更富有情感和表现力。在产品造型中，经常需要用到节奏与韵律的形式美法则，尤其是对一些产品的细节进行处理时，重复元素的排列方式会对整体造型的美感产生影响。

如图 3.33 所示是著名的 PH 灯，由丹麦设计师保尔·汉宁森设计。PH 灯由很多"灯伞"组成，这些"灯伞"按照规律有秩序地排列，从各个角度都能感受到律动的美感，仿佛一个植物的果实一样。当然，这个设计并不全是形式上的，其光线必须经过"灯伞"的反射才能到达人的眼睛，这就可以获得柔和均匀的照明效果，避免炫光的出现。同时，灯光也减弱了灯罩边沿的亮度，使灯具与黑暗的背景更具有融合性，以免造成眼睛的不适。所以，一件优秀的产品设计不只要求造型上的美观，还要求造型和功能上能够达到和谐的统一。从这个角度来说，汉宁森的 PH 灯堪称"形式追随功能"的典范之作。

图 3.33 PH 灯的形式设计

图 3.34 所示为一件超薄车载逆变器的设计，这是一个小巧的电子产品，其造型中规中矩，而顶部的散热孔却经过了细心的设计，成为视觉的中心。该设计由一个叶片形状

呈旋转散开状态，叶片的数量逐圈增加，显得动感而又富于秩序。正是有了这个细节的设计，才使得产品的整体有了一丝灵动的气质，且产品侧面也有同样叶片造型的小孔整齐排列，这就与顶部的散热孔在形式上构成了呼应关系。

图 3.34　车载逆变器的细节设计

3.2.2　设计语义学与造型设计

　　设计语义学本来是语言文字学的一个概念，是指研究语言文字及其组合所传达出的含义。而设计作为人类文化的组成部分，是一种物化了的语言，设计师赖以表达其设计构思、设计含义和设计情感的方式不是用语言和文字描述，而是用具体的设计作品。这就涉及一个问题，即设计师如何表达才能直达设计的本质，最大限度地向人们阐述清楚设计的意图。这就要用到设计的语义，用一种通用的设计语言在设计师与使用者之间架起沟通的桥梁。一件语义表达清楚的设计作品可以使用户更方便地理解设计和正确地使用设计，一切过分依赖设计说明书去表述产品使用方式的设计都不能称为合格的设计。
　　一件产品所包含的所有非言辞性的设计要素，都可以称为设计语义，设计师通过将语言学中的概念移植到设计中来，是为了使用这些视觉形态语言来正确表达自己的产品。设计语义学主要研究产品形态要素、色彩要素、材质要素等在产品表现上的含义，研究不同地域和民族对形态、图案、色彩等要素的不同理解，研究设计中如何正确使用设计语义创造出符合人们使用习惯、易于理解和便于操作的设计作品。
　　设计语义学主要向使用者传达如下几种作用：

3.2.2.1　传达和解释产品的功能

　　面对一个新产品，使用者应不通过任何培训和繁琐的解释，就能依靠自己的本能理解产品的操作方式，并实现产品的功能。特别是对于电子产品来说，其功能和造型之间的联系并不紧密，这种"黑箱"式的设计，常使产品用户无从知道产品的功能。这时候只能通过符号化的设计语言对产品的功能进行提示，这些符号化的语言要想起到正确传达含义的目的，就要和人们的生活经验产生关联，利用人们的生活经验(如通过太阳联想到光和热)或者对业已熟悉的相关产品中的造型语言进行移植来达到设计的目的。

　　如图3.35所示为一个篝火造型的散热器设计,该散热器与传统产品的造型毫不相关,使用了一种新的设计语义,而这种新的语义能快速为人所理解,这得益于它借用了一种人们司空见惯的产品形态——篝火中相互支撑的柴棒。根据多数人的经验,这种造型很容易使人联想到与火有关的产品,这便为产品与使用者之间搭建了一个沟通的桥梁,使产品的造型和功能之间产生了有机联系。

图 3.35　篝火造型的散热器设计

　　图3.36是一个电磁炉的设计,这种产品的造型和使用界面明显借用了传统炉具的造型,无论是扁平轻薄的体量感,还是放置平底锅的电磁感应区,都继承了传统炉具的设计基因。由于语义传达的直观性和明确性,即便是第一次使用的消费者也会很快理解了产品的功能。这种造型语言的移植还存在于很多其他产品中,比如笔记本电脑(移植了笔记本的语义)、室内健身车(移植了自行车的语义)等。

图 3.36　电磁炉的设计

3.2.2.2　罗列和说明产品的使用方法

　　如何让使用者不需要阅读设计说明就能很快学会产品的操作方法,这一点至关重要。因为对于消费者来说,并非每个人都受过良好的教育,亦即知识层次水平分化会较为严重,使用者的认知能力会有较大差异;对于生产企业来说,自然想通过产品的销售赚取利润，这就必然要让产品能最大限度赢得消费者的青睐，取得最广大的市场。这就同时对设计师提出了较高的要求，即如何运用恰当的设计语言，让使用者仅依靠本能就能学会产品的使用。

下面举一个最简单的例子来说明语义学对产品使用方法的提示作用。图3.37是一个开关的设计，这个产品在日常生活中随处可见，几乎所有人都能不假思索地正确使用开关进行操作。因为开关倾斜的状态就是一种明确的提示人们去"按"的语义。从人们的心理来说，都有一种使物体从"破"的状态恢复原状的意愿，而按键的倾斜正是一种"破"的状态，人们通过"按"的动作力图使产品复原的行为其实是一种本能。

一些特殊的产品也通过恰当的符号语义传达其使用方式。如针对老年人或儿童等特殊人群的手机设计，就不能设计成与普通手机完全相同，而要根据目标人群的认知特点和行为习惯进行有针对性的设计。体现这种个性化和定制化的特点，正是设计语义学所要解决的问题。

下面分析图3.38所示儿童手机的设计，看它从哪几个方面来定义其作为儿童手机的典型特征。首先是造型设计，其大型用了圆滑的曲线，有着浓厚的仿生意味，仿佛某种小动物的头部造型，其可爱的造型非常符合儿童产品的特点；其次是色彩，产品色彩鲜艳，明度较高，符合儿童对于颜色的心理认知习惯；最后是手机的按键设置，考虑到儿童的认知水平和行为能力，按键的设置非常简单，只有接听、挂断等基本操作按键。四个数字键分别绑定四个常用的电话号码，这样无需拨号就可以直接拨打电话，方便了儿童的使用。

图3.37　开关的"倾斜"设计　　　　图3.38　儿童手机设计的语义

如上所述，无论是产品的造型设计，还是功能设置，乃至细节的排布，都要符合设计受众，即儿童群体的行为心理特点和认知习惯。而恰当的语义表达正是产品本身和设计受众之间进行无障碍交流的有效手段和重要桥梁。

3.2.2.3　传达和彰显产品的精神功能

产品除了实用功能之外，还包括精神功能和象征意义。随着经济社会的发展，消费者对产品的要求越来越高，人们已经不再满足于产品的功能性，而更加关注产品带给人的精神感受，即是不是能给人带来愉悦感、体验感，是否能够满足人们的心理诉求。产品可以通过其造型、材质等语义要素来传达它所代表的深层次含义。

图 3.39 所示是一把方便情侣拥抱的椅子,设计师通过细致观察生活,截取了情侣生活的一个瞬间进行设计的发想,即经常在一个椅子上相互拥抱的行为方式。该设计解放了男性大腿,也使双方处在一个相对合理的位置,丝毫不影响亲密的程度,同时恰当利用了使用者的情感体验,使设计作品体现出浓浓的人情味儿。当然,如果仔细探究,这把椅子还会有其他巧妙的用处,即可以作为一个简易的个人工作台,用来放置个人电脑、书本等用具,可说是一个多功能的设计。

图 3.39　情侣椅设计

而图 3.40 这款手机的设计则是针对信仰佛教的人士进行开发,所以从机身到细节设计都体现了佛教元素。比如以金色作为机身的基本色,以及将莲花的形象融入到手机内建的喇叭造型设计中,都体现了佛教的特定形象和象征意义,同时也充分尊重了设计目标人群的认知特点和心理习惯。

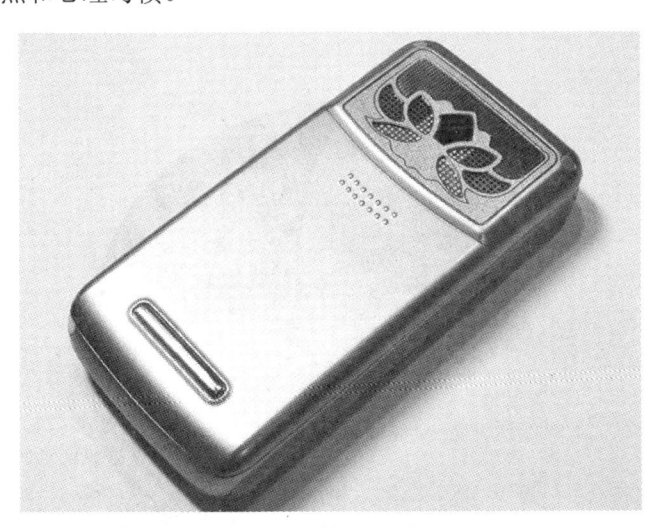

图 3.40　针对特定人群的设计

一些针对特定人群的设计作品应充分尊重民族的、地域的、宗教的要求,熟知他们对颜色、造型、图案、材质等的偏向和禁忌,了解一些特定图案和色彩的象征意义,并以此作为设计的依据。

总之，设计语义学作为产品造型设计的重要内容，在设计中所起的作用包括但不仅限于以上几个方面，它的作用往往是很综合的。这里再对设计语义要考虑的问题进行一下总结：①产品造型设计要包含能与周围环境相协调的设计语义要素，这些要素可以从造型的形态、材质、色彩等方面进行体现；②产品造型设计应该包括一些为大家所熟悉的设计语义，保证产品与同类产品和相关产品的历史延续性，这样，使用者就能从比较熟悉的语义中读取产品的信息；③产品应该方便使用者进行操作，这就要求产品语义表达要准确、清晰、容易理解，要通过各种手段为使用者提供一种最快速地掌握产品使用方法的操作界面；④如果是一个"黑箱设计"，产品应该通过恰当的语义传达出其内部机构以及产品的功能；⑤产品设计要通过适合的语义传达出产品应该具备的文化内涵、象征意义和特定含义。这就对设计提出了更高要求，设计师应赋予产品更多的精神功能。

不过需要注意的是，设计语义是一个不断发展的概念，设计师应该立足于现时代，不断提炼符合现代产品表达需求的语义符号，并对同一种语义表现的历史性和传承性有着综合的把握。比如对于传统文化的表达，首先要深入理解传统文化的本质，然后结合现代的设计观念，对传统文化进行重新解读和诠释，只有这样才能将传统文化发扬光大。

如图3.41所示，这是一个"太极"沙发的设计。它并不是一个太极图案的简单运用，而是深刻理解了"太极"相反相成的依存关系，选择坐具作为该设计语义的载体，也是对使用者使用情境和体验的一种印证。除此之外，设计的造型严格遵循人机工程学的设计原则，其凹陷的部分力求符合人体的造型曲线。而且，整体造型空间曲线也很有层次感，完全不是仅仅套用了一个具有象征意义的图案。所以该设计由于深刻领会并合理运用了中国传统图案，并与现代设计理念进行了恰当结合，而获得了当年的红点设计奖。但可惜的是，这款设计并非出自中国设计师之手，而是一个德国人的设计作品。

图3.41 "太极"沙发的设计

3.3 产品工程设计

产品的工程设计包括产品结构设计、产品加工工艺、产品表面处理、产品人机分析等。工程设计是保证产品能够顺利实施的有力保障，是设计迈向实际产品的必经环节。对于工业设计专业的学生来说，往往视工程设计为畏途，认为工程设计是机械专业或模具专业要掌握的内容，与产品造型设计分属两个不同的领域。其实不然，从某种意义上来说，产品工程设计是工业设计专业学生的必修课，在多数工业设计专业的教学体系中都有机械设计、工程力学、设计材料与加工工艺、人机工程学等课程，这些课程的设置都是为了使学生具备基本的工程设计能力。

在专业的设计公司中，由于分工较细，设置有产品设计师和结构设计师两种不同的职位。由于有专门的设计师承担结构设计的重任，产品设计师便可专注于产品的造型设计规划，这也是众多产品设计师不愿染指结构设计的重要原因。其实换个角度讲，一个懂结构的产品设计师可以在做造型设计的时候尽量避免制造无法实现的结构问题，而且可以保证能够与结构设计师进行无障碍沟通。这样，公司内部在工作衔接时就可以节省了很多时间，而且更重要的是，由于有了自我把控力，产品设计师就可以保证自己的方案不会因为结构的问题而被改得"面目全非"。总之，一个懂结构的产品设计师会更加受到雇主的欢迎并且有更大的专业提升空间。

3.3.1 产品结构设计

产品结构设计是一个系统设计工程，所涉及的知识会非常多，本书限于篇幅和作者的水平，并不能给大家展示产品结构设计的全貌，只能就设计的基本常识以及主要内容进行阐述，希望读者能够管中窥豹，了解到结构设计的基本原则。

3.3.1.1 产品结构设计的基本原则

1. 要控制成本

控制成本几乎是所有生产企业的重要诉求，尤其是资金实力有限的中小企业，产品设计制造的成本控制是使其获取较大利润的重要途径。那么，在产品结构设计过程中，怎么对产品的成本进行控制呢？

(1) 产品造型设计中，在满足产品功能的基础上要尽量减少零部件的数量，这在需要开模进行制造的塑料零件的设计中尤为重要。要知道，开模具的费用在产品研发成本中占比是非常高的，多一个零件，就要多出一套模具的开发成本。

(2) 在产品的结构设计中，要尽量采用简单可靠的结构，一方面可以节省生产成本，另一方面可以提高装配的效率。因为，产品结构简单，装配工人就可以节省装配时间，从而可以在有效的时间内提高产品的出厂率，增加产品数量。

(3) 产品的材料选择和表面处理方面，在保证产品效果的基础上，尽量选择那些成本低，便于实现的材料和操作方式，从而节约成本。比如对产品某零件表面进行光亮处理，有镀镍和镀铬两种选择，从效果来说，镀铬要优于镀镍，但成本明显高于后者，如果对该零件的效果没有特殊要求，则可以选择成本较低的镀镍处理。

2. 要优化结构设计

在保证产品外观效果和功能的前提下，结构设计越简洁越好，因为涉及后期的开模具和装配环节，简洁的结构可以最大限度节约成本和提高装配效率。在结构设计中，固定方式的选择也很重要，一般来说，结构的固定方式包括卡扣、螺丝、焊接和胶粘等多种方式。要根据不同的产品选用不同的固定方式，如对于钣金结构的产品来说，多选用螺丝固定和焊接固定等方式，对于塑料结构的小型产品来说，则多选用卡扣固定和螺丝固定的方式，而对于那些不需拆卸的固定结构，则可以选用胶粘的固定方式。

3. 要简化模具结构

但凡需要利用模具成型来进行生产的产品都要保证模具设计的合理性，这不仅关乎成本控制方面，还关系到产品的实现性方面。模具设计具有一定的原则性，其基本结构原理、成型方法和拔模方式都需要我们进行了解。简单来说，如果我们设计的产品结构不符合模具的拔模要求或者出现了模具倒扣的现象，就会对模具设计造成很大的麻烦。

3.3.1.2 钣金类产品结构设计

通常情况下，金属材料的加工可分为热加工和冷加工两种。热加工一般是指铸造加工方式，即将金属材料熔化为液态，再将其倒入特定形状的模具内凝固成型的加工方式。冷加工方式则适用于如钣金类产品的加工，主要是指通过冲压、折弯、拉伸、焊接等方式成型的工艺。钣金材料特指那种厚度均匀的金属板材，有不锈钢、镀锌钢、铝、铁等不同材料。钣金加工的最主要特征是能够保证统一零件厚度的一致性。

钣金加工有模具加工和非模具加工两种，前者通过固定的模具进行加工，适用于大批量生产；后者通过数控冲床、激光切割机、铆钉机等设备进行独立加工，适用于产品样机制作等小批量生产。

钣金的加工流程包括下料(冲压、切割等)—成型(折弯、拉伸、冲孔等)—连接(铆接、焊接等)—表面处理(喷涂、电镀、拉丝、丝印等)。

下面分别就钣金加工的流程进行讲解。

1. 下料

下料可以视为钣金的粗加工，一般可以通过数控冲床、激光切割机、剪板机、模具等多种方式。下面以数控冲床下料为例进行讲解。

数字冲床是指利用数字化编程语言来控制的自动化转塔式冲床，又叫数字控制冲床。数控冲床可以应用于多种薄金属零部件加工，无论是冲孔还是拉伸成型，或者如制作加强筋、压印、百叶窗等特殊加工等，都可胜任。所以，数控冲床适合于小批量生产的产品或者制作产品样机等(如图3.42所示)。

钣金在冲切的过程中有一些可供遵循的工艺加工规律：

(1) 如果对钣金进行冲孔操作，孔的最小尺寸与其形状和材料性状以及厚度有关，具体如表3.1所示。

图 3.42 数控冲床

表 3.1 孔的最小尺寸(t 为板材厚度)

材料	圆孔直径	方孔最短边
高碳钢、不锈钢等	≫1.3t	≫1.2t
低碳钢、黄铜板	≫1.0t	≫1.0t
铝板	≫0.8t	≫0.6t

(2) 冲切孔之间以及孔与零件外缘的最小间距有着特殊要求，这关乎材料的结构强度，以免冲压时产生破裂，具体如图 3.43 所示。

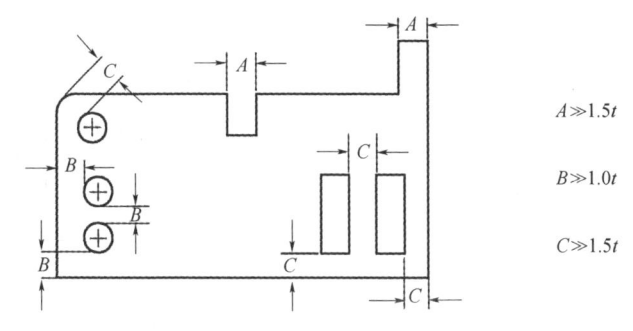

$A \gg 1.5t$

$B \gg 1.0t$

$C \gg 1.5t$

图 3.43 冲切过程中孔间距和孔边距的具体要求(t 为板材厚度)

(3) 对于折弯件和拉伸件来说，如果冲孔的话，其孔壁与直壁之间的间距也有具体要求，这样做的目的是为了保证孔的精度和模具的强度，具体如图 3.44 所示。

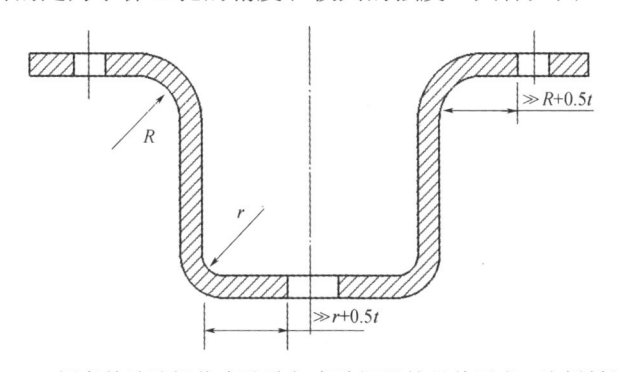

图 3.44 折弯件冲孔操作中孔壁与直壁间距的具体要求(t 为板材厚度)

(4) 冲压时，钣金应避免出现尖角细节，否则会导致开裂和加工困难，如果是外部尖角的话，也会对装配人员和使用者造成伤害，如图3.45所示。

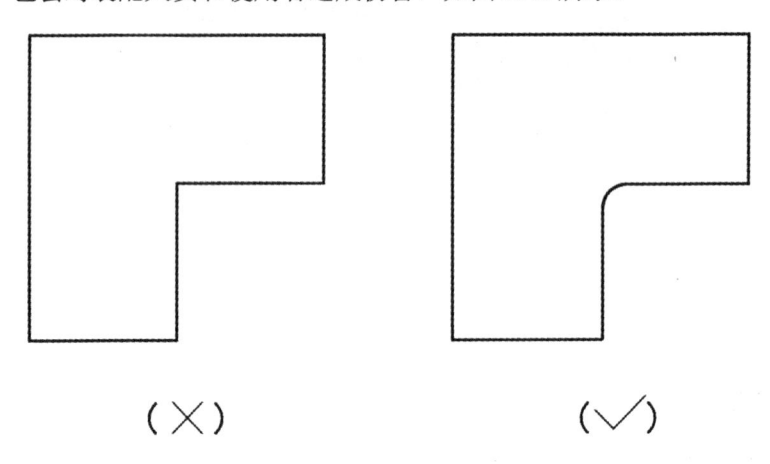

图3.45　钣金结构设计避免出现尖角

2. 成型

成型是指对已经下料的钣金件进行折弯、拉伸等操作。所谓折弯，是根据设计加工的需要，在钣金件上进行直边、斜边、弯曲等操作。折弯可以使用专业模具或者折弯机。

钣金在折弯时需要注意的加工工艺如下：

(1) 关于折弯半径，为了保证钣金件的结构强度，其折弯半径应大于材料所能允许的最小折弯半径。常用材料的折弯半径如表3.2所示。

当然，材料的折弯半径只是参考值，在实际生产中，要注意合理取值。当折弯半径过小时，材料内侧折弯半径处就会受到严重拉伸和挤压，以至产生裂缝和断裂；当折弯半径过大时，钣金件则会受到材料反弹的影响，产品的加工精度得不到保证。钣金件的最小折弯角度和材料所允许的最小折弯半径之间的关系如图3.46所示。

表3.2　常用材料折弯半径

材料	最小折弯半径
镀锌板	$R_{min} \geqslant 2.0t$
低碳钢	$R_{min} \geqslant 1.0t$
不锈钢	$R_{min} \geqslant 1.5t$
铝板	$R_{min} \geqslant 1.2t$

注：R_{min}为材料的内侧最小折弯半径，t为材料厚度

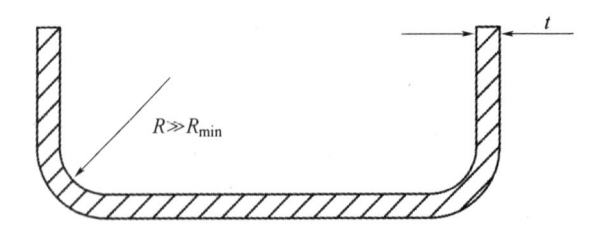

图3.46　钣金件的最小折弯角度和材料所允许的最小折弯半径之间的关系

(2) 关于折弯的高度，当弯曲件折弯的直边高度太低时，就会对钣金件的成型精度产生影响。这时，为了保证产品的折弯结构不受影响，就要在生产时遵循钣金件折弯时的最小直边高度设计，如图3.47所示。

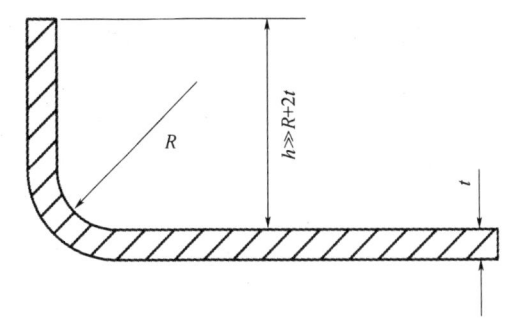

图 3.47　钣金件折弯时的最小直边高度设计

(3) 关于折弯件最小孔间距,此处主要是指先冲孔后折弯的加工方式(先折弯后冲孔的方式请参考"下料"部分相关内容的讲解)。为了不会造成冲孔后钣金件的变形和开裂,孔与钣金直壁的间距应遵循如图 3.48 所示的加工要求。

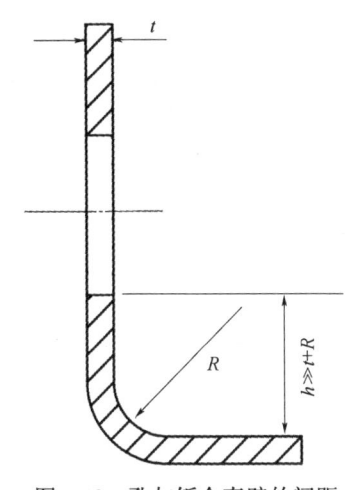

图 3.48　孔与钣金直壁的间距

(4) 关于折弯的方向,在对钣金件进行加工时,应尽量保证折弯方向垂直于金属的材料纤维方向,否则会形成裂纹,降低了材料强度。

(5) 关于弯折打死边,当需要弯折的面与钣金底面平行时,需要对打死边的长度(即弯折的长度)进行规范,该长度与材料的厚度有关,具体要求如图 3.49 所示。

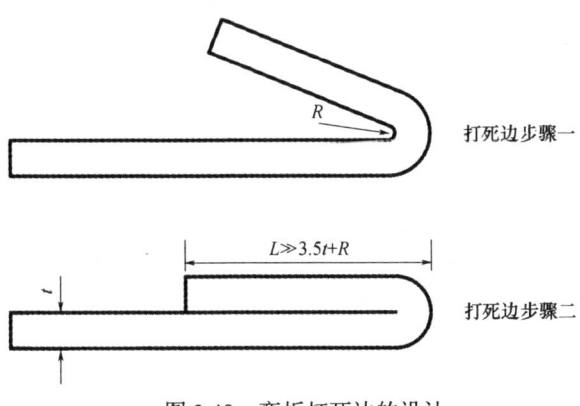

图 3.49　弯折打死边的设计

(6) 关于折弯的工艺缺口设计，如果将钣金件一条侧边的局部进行弯折，为了防止材料的撕裂和变形，应在折弯边的两端设计有工艺缺口，如图 3.50 所示。

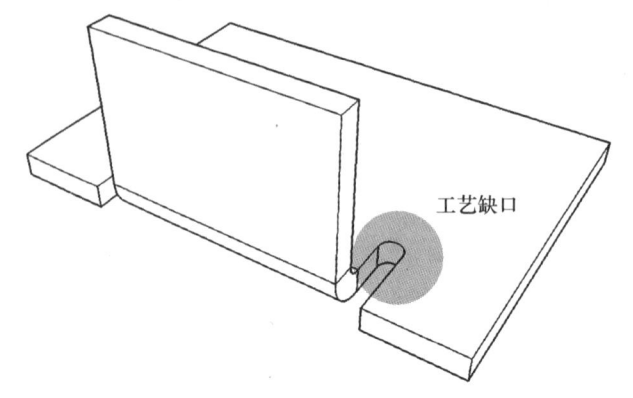

图 3.50　折弯的工艺缺口设计

(7) 关于折弯干涉的问题，当钣金两条相邻的边均设置有折弯时，应该保证两条折弯的直边之间存在一定间隙，避免二者之间的干涉。折弯结果如图 3.51 所示。

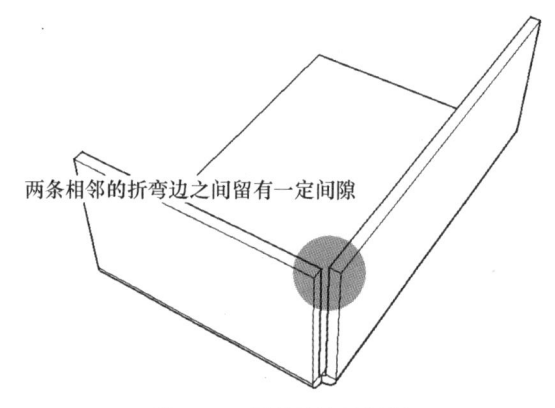

图 3.51　折弯干涉的问题

钣金件另一种常见的成型方式是拉伸。所谓拉伸，是指将平整的钣金件制作成四周有侧壁的拉伸件的过程，常见的由拉伸工艺制作的产品如脸盆、不锈钢洗菜池(图 3.52)等。

图 3.52　拉伸成型的不锈钢洗菜池

钣金的拉伸操作同样需要注意拉伸相关尺寸与钣金厚度的尺寸关系，还要注意拉伸的形状应尽量简单。具体要求如图 3.53 所示。

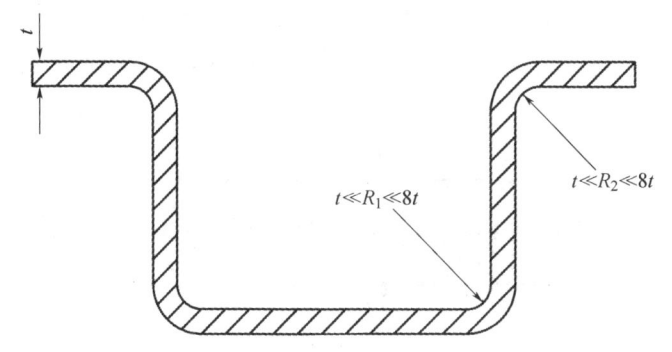

图 3.53　拉伸相关尺寸与钣金厚度的尺寸关系

$t \ll R_1 \ll 8t$　　$t \ll R_2 \ll 8t$

3. 连接

钣金件的连接方式主要包括卡扣连接、铆钉连接、螺纹连接以及焊接等。

1) 铆钉连接

所谓铆钉连接是指用铆钉将多个(一般为两个)部件(一般为板材)连接在一起的过程，铆钉连接一般为不可拆卸的静态连接(图 3.54)。铆钉有实心和空心两种，前者主要用来铆接受力较大的零件，后者主要用于受力较小的金属零件或非金属零件之间的连接(图 3.55)。

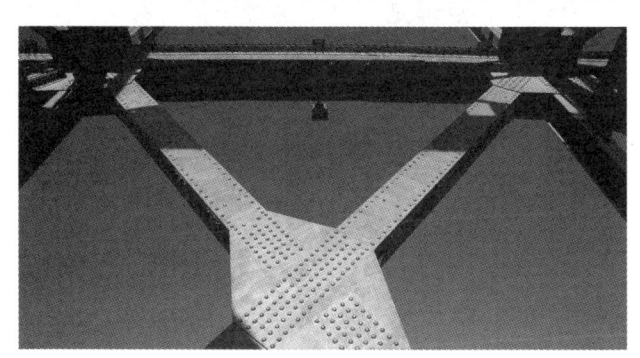

图 3.54　铆钉连接

图 3.55　铆钉

2) 螺纹连接

螺纹连接是以螺钉为主的链接方式,与铆钉连接不同,这是一种可拆卸的连接方式,所以广泛应用于钣金等加工中。螺纹连接通过多个螺纹紧固件的配合,将不同的部件连接成一个整体。螺纹连接具有操作简单、可拆卸、成本低、标准化程度高等特点。螺纹连接图示如图 3.56 所示。

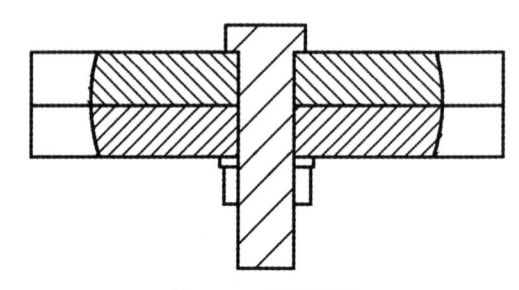

图 3.56 螺纹连接

3) 焊接

焊接是通过物理和化学作用,将两种或两种以上的部件通过加热熔化、加压等方式,使部件之间产生结合的连接方式。在钣金连接工艺方法中,焊接的应用非常广泛。

根据焊接的特点可分为熔焊、点焊、压力焊等多种方式。在钣金加工过程中,最常用到的焊接方式为点焊。点焊是一种快速经济的焊接方式,广泛适用于那些连接气密性要求不高、厚度小于 3mm 的钣金构件。在点焊过程中,只要求将两个部件接触面上的个别点进行焊接,焊点之间的距离一般不超过 35mm。点焊的原理如图 3.57 所示。

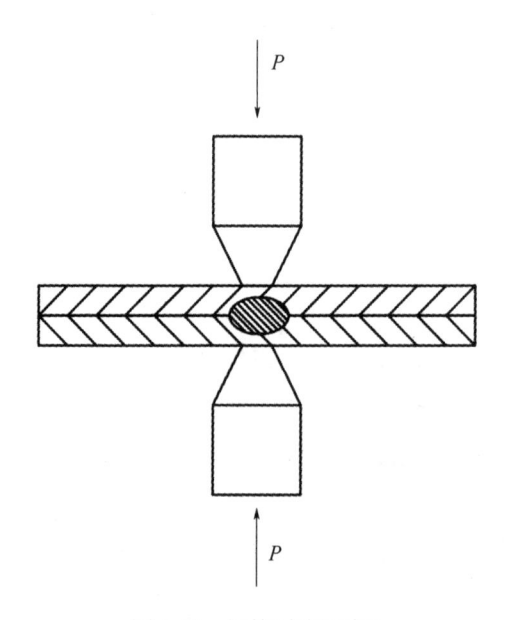

图 3.57 焊接(点焊)原理

4) 卡扣连接

卡扣连接具有成本低、安装便捷、可拆卸等优点,所以广泛应用于钣金件和塑料件之间的连接，如图 3.58 所示。但这种连接方式往往需要配合其他方式对产品进行装配，因为其固定零件的稳定性不高。

图 3.58　电脑机箱盖用到了卡扣连接的方式

4. 表面处理

表面处理是指在基本材料表面进行人工处理，以形成一层与基本材料物理和化学性质不同的表层的工艺。这样做的目的是增加材料本身的物理化学性质，如耐蚀性、耐磨性或达到美学上的装饰效果。钣金件的表面处理工艺包括喷涂、烤漆、电镀、氧化、喷油、喷砂等。下面分别加以介绍。

1) 喷涂

喷涂，是指利用压力或静电使喷涂物(液体或固体粉末)附着在基本材料表面的工艺方法，使用喷涂进行工件的表面处理能够起到防腐和装饰的作用(图 3.59)。

图 3.59　喷涂

2) 烤漆

烤漆是给材料上漆的一种方式，需要分多次给材料上底漆、面漆等若干层油漆，每上一遍漆，都要将工件进行高温烘烤定性(图 3.60)。

图 3.60 烤漆过程

3) 电镀

电镀是利用电解原理使材料表面附着一层金属膜或合金的工艺。通过电镀，可以在材料表面形成具有保护性、装饰性和功能性的涂层表面，还可以修复磨损过的工件。依照电镀材料的不同，电镀可分为镀铜、镀镍、镀铬、镀银等不同的方式。通过电镀，可以提高工件的耐磨性、导电性、反光性以及美观性等(图 3.61)。

图 3.61 水龙头电镀效果

4) 阳极氧化

阳极氧化是指利用化学原理，在特定的电解和工艺环境下，将金属或者合金的表面通过外加电流施加的作用形成一层氧化膜的过程。阳极氧化可以提高材料表面的耐蚀性、耐磨性和硬度，还可以提高表面的着色能力(图 3.62，见彩图)。

5) 喷砂

喷砂是利用高速砂流的冲击作用对材料表面进行粗糙化处理，使材料表面形成不同程度的粗糙度，借此提高材料表面的抗疲劳性和附着力。通过对材料表面进行粗糙度处理，然后进行喷涂，能够提高涂料薄膜的耐久性和装饰效果(图 3.63)。

图 3.62　阳极氧化

图 3.63　喷砂效果

6) 拉丝

拉丝是指在金属材料表面通过外力作用，使工件表面的纹理改变为呈直线状的视觉效果。通过拉丝工艺可以提升材料表面的装饰感，还可以在一定程度上遮掩金属表面的轻微划痕，提高表面的视觉质量。拉丝质感可以使金属表面获取一种不同于镜面材质的视觉体验，具有非常强的装饰效果，所以越来越受到设计师的青睐。拉丝金属效果已广泛应用于五金行业、厨房家电、3C 产品等领域(图 3.64)。

图 3.64　拉丝效果

3.3.1.3 塑料类产品结构设计

塑料类产品的主要成型方式为注塑，不同于钣金的加工方式，塑料件的结构设计有一些特定的设计要求。下面分别加以解释。

1. 塑料件的料厚

塑料件的料厚即工件的壁厚，其设计要求与产品的具体尺寸相关。一般情况下，产品的料厚随着具体尺寸的变化而变化，其变化范围为 0.6~6mm。因为产品的尺寸越大，其质量则越大，产品结构设计所要求的强度则越大，这就必然要求其厚度越大。

为了保证材料的结构强度，防止材料变形，这就要求塑料件的料厚要尽量保持均匀。如果由于结构设计或造型设计的原因需要塑料件的料厚有不均匀的现象，那么其厚度变化要均匀。

2. 塑料件的拔模角度

由于是注塑成型，塑料制品在制作时就会涉及模具的问题。拔模角度是指塑料件在设计的时候应该保证在拔模方向上有一定的倾斜角度，这是产品能够正常脱模的保证。关于拔模角度的设计如图 3.65 所示。

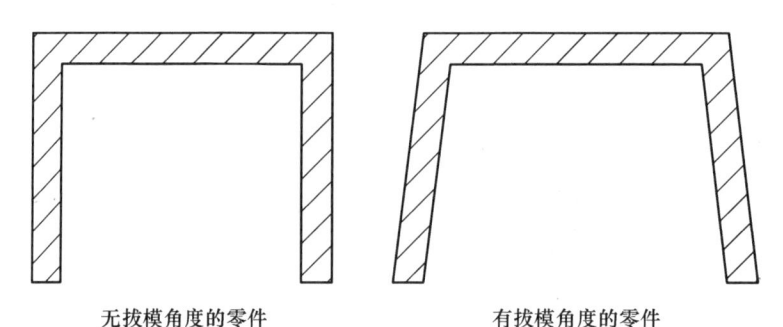

无拔模角度的零件　　有拔模角度的零件

图 3.65　塑料件的拔模角度

拔模角度的设置有一定的原则，如：

(1) 产品外观精度要求较高，产品尺寸较大，产品材料表面较为光滑的，要求拔模角度适当小一些。

(2) 产品外观较为粗糙、产品外形复杂、产品所选用材料流动性较差的，要求拔模角度适当大一些。

(3) 产品的壁厚较大，产品所选用材料收缩性较大以及使用透明件的产品，要求拔模角度适当大一些。

3. 塑料件的转角设计

塑料件面与面之间的过渡位置应设置有过渡圆角，这样做的目的可以提高产品结构强度、避免注塑时产生应力的集中以及在进行表面处理时不会在转角处造成物料的堆积。塑料件的转角设计如图 3.66 所示。

塑料件转角设计的原则为：

(1) 过渡转角最小半径(内侧转角半径)的设定由零件的壁厚所决定，一般情况下，转角最小半径的取值范围是壁厚的 0.5~1.5 倍。

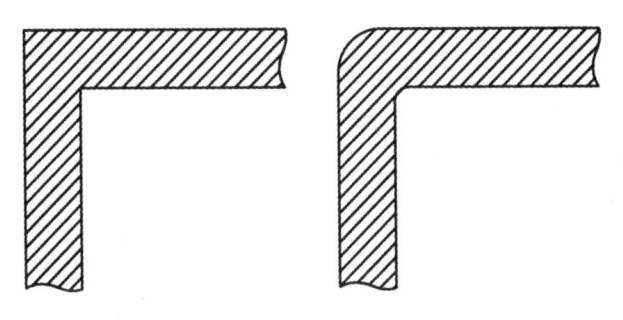

无圆角过渡的零件　　　　　　　　有圆角过渡的零件

图 3.66　塑料件的转角设计

(2) 零件的壁厚应在设置了过渡转角后仍旧要保持壁厚的均匀。

4. 塑料件的加强筋设计

在塑料件的设计过程中，经常需要为其设置加强筋，加强筋的作用主要体现在提高塑料件的强度和刚度，防止构件变形，同时可以节省材料用量，降低生产成本等。当然，如果加强筋设置合理，还能够起到通道的作用，引导塑料液体在型腔内进行流动。设置有加强筋的产品效果如图 3.67 所示。

图 3.67　塑料件的加强筋设计

加强筋的尺寸要求和零件的壁厚息息相关，如图 3.68 所示。加强筋的厚度取值范围为 $0.4t<A<0.6t$；加强筋高度取值范围为 $B<3t$；两个加强筋的间距取值范围为 $C>4t$。加强筋的设计举例如图 3.69 所示。

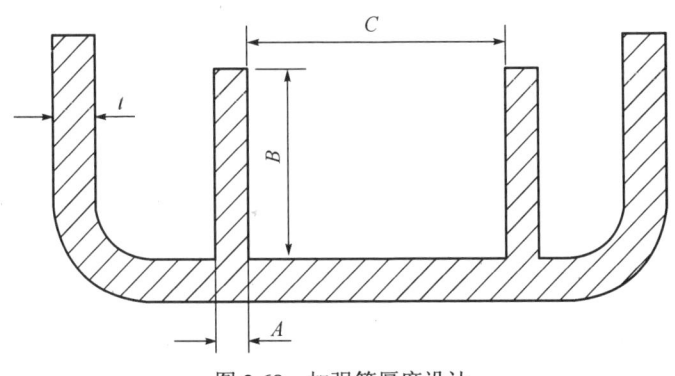

图 3.68　加强筋厚度设计

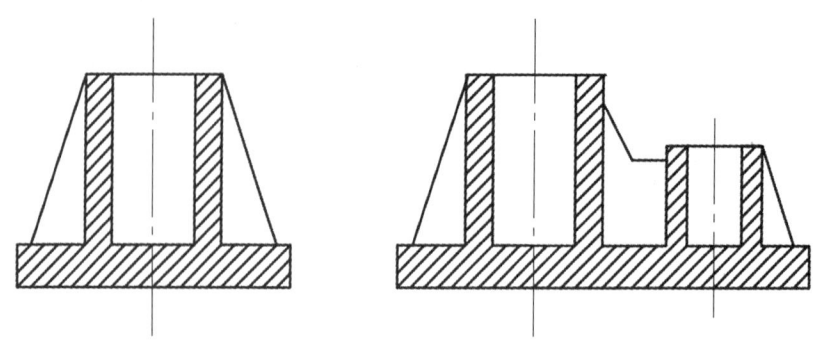

图 3.69　加强筋设计举例

5. 塑料件的螺栓设计

螺栓是塑料件中的常用结构，但在成型过程中，螺栓经常会遇到缩水、强度不够导致的开裂等问题，严重影响了塑料产品的结构强度和外观的美感。下面主要讲解塑料件螺栓设计中要注意的问题。

(1) 在螺栓设计时，应考虑其胶位是否会产生缩水。此时解决的办法是在螺栓上制作"火山口"(图 3.70)，就会保证螺栓根部的塑料不会太集中，成型时冷却充分，防止缩水现象的产生。

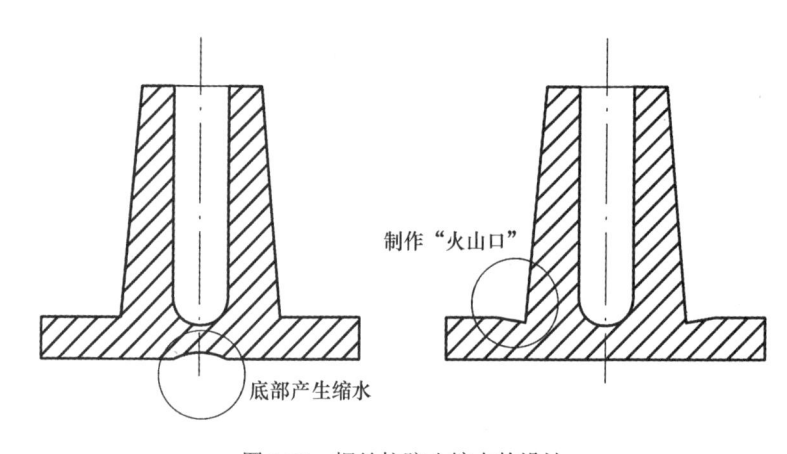

图 3.70　螺丝柱防止缩水的设计

(2) 在螺栓的内径、外径的根部，应采用圆角过渡，如果采用尖角，根部会产生很高的应力，出现开裂等现象。一般情况下，过渡圆角越大，产生的应力集中会越小，推荐过渡圆角的半径值要大于壁厚的 50%以上。

(3) 为了保证强度，螺栓的高度应尽可能小，当螺栓的高度大于其外径 2 倍以上时，应考虑制作加强筋以增加强度。

(4) 螺栓不能太靠近塑料件的外壁，否则会导致制件的壁厚不均匀，出现缩水现象，这时可采用添加加强筋的方式与外壁进行连接(图 3.71)，同时可以提高螺栓的强度。

6. 塑料件的孔的设计

(1) 孔与孔之间的距离，一般应保持孔径的 2 倍以上。

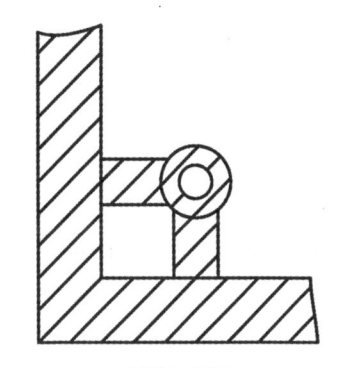

螺栓太靠近外壁　　　　　　　制作加强筋

图 3.71　靠近外壁螺栓的设计处理

(2) 孔与塑料件边缘之间的距离，一般应取孔径的 3 倍以上。
(3) 如果是侧孔，应避免出现较薄的断面，防止产生尖角，对人造成伤害(图 3.72)。

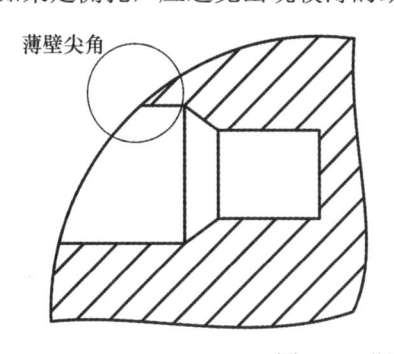

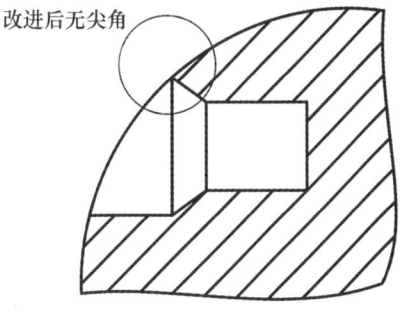

薄壁尖角　　　　　　　　改进后无尖角

图 3.72　塑料件侧孔的设计

7. 止口的设计

止口可以有效地阻止灰尘等进入壳体的内部空间，还可以起到对上下壳体定位和限位的作用。止口设计图例如图 3.73 所示。

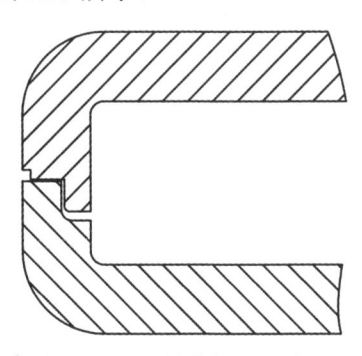

图 3.73　塑料件的止口设计

止口设计要注意的事项如下：
(1) 上下壳的嵌合面应有一定的脱模斜度。
(2) 上下壳止口的配合处，应使内角的半径值偏大，使圆角之间留有间隙，防止圆角处相互干涉。

(3) 止口设计时，应将侧壁强度较大一端的止口设计在壳体里面，以抵抗外力。

(4) 止口设计时，应使位于外侧的止口厚度略大于位于内侧的止口厚度。

3.3.2 产品设计中的人机工程学

人机工程学，是应用人体测量学、人体力学、劳动生理学、心理学等学科的研究方法，对人体结构特征和技能特征进行研究，提供人体各部分的尺寸、重量、体表面积、比重、中心以及人体各部分在活动时的相互关系和可及范围等人体结构特征参数；提供人体各部分的出力范围、以及动作时的习惯等人体机能特征参数，分析人的视觉、听觉、触觉以及肤觉等感觉器官的技能特性；分析人在各种劳动时的生理变化、能量消耗、疲劳机理以及人对各种劳动负荷的适应能力；探讨人在工作中影响心理状态的因素以及心理因素对工作效率的影响度等。

人机工程学的兴起源于人们对产品舒适性、方便性、可靠性、效率性等方面不断增长的功能需求，源于人们对日益关注的产品"人性化设计"的心理诉求。所以，人机工程学主要解决人们使用产品时所提出的物质上和精神上两方面的需求。物质功能上，产品要做到最大限度的便利和舒适，方便使用的同时不对人的身体造成损害，要让使用者感觉产品是人身体的一部分一样方便有效，从这个意义上来说，产品是人体机能的延伸；精神功能上，产品要满足使用者的情感需求和心理需求，要让人有安全感、归属感、愉悦感，要将产品定位成人类的朋友，是能表达情感的，能与人交流的精神伴侣，所以，产品又是人类精神的延伸。当然，针对不同类别的产品，其物质功能和精神功能的体现方式会有很大不同。如对于一些专业设备来说，设计师首先要保证操作的方便和舒适，而对于家居用品来说，设计师会注入更多的情感元素在产品里，以建立人与产品之间的和谐关系。

总之，人们对人性化设计的重视从根本上促进了人机工程学的发展，人机工程学已经成为产品设计过程中需要重点考虑的设计要素之一。而人机工程学又是一门综合性的交叉学科，结合了生理学、心理学以及其他相关学科，旨在打造"人-机-环境"相协调的系统工程。

1. 人机工程学的设计标准

那么，人机工程学设计标准和规范是什么呢？如果对一件产品的人机工程设计进行评价的话，首先要考量产品的形态和尺寸是否与人体相关部位的尺寸和形态相配合；其次，产品的使用是否方便和易用，不造成身体上的负累；第三，产品要保证能够最大限度防止使用者操作时的危险性和发生错误的现象；第四，产品每一部分的功能要方便使用者辨认，尤其对于一些较复杂的专业工具；第五，产品要方便维护和保养。

但消费者在购买商品时，往往更加关注产品的造型、色彩、材质等先入为主的视觉要素，人机工程学的设计需要在长期的使用过程中才能够显示其优势。所以，设计师不应为了产品的视觉效果而损害人机工程学的设计利益，而应带着社会责任感为产品长期使用的舒适性和安全性负责。具体来说，设计师应该把握人机工程设计的如下设计原则：

(1) 产品必须负责任地实现其应有的功能而不对使用者造成额外的负担。如剪刀的功能是能准确快速地进行切断作业，并产生整齐的切口，方便切掉的部分与原材料的分离。

(2) 产品必须符合使用者身体的尺寸比例标准，提高产品的使用效率，同时产品功能的实现不能以损害使用者身体机能为代价。如在鼠标的设计中，要严格参照目标人群的手部尺寸并对使用者的使用状态进行充分调研。

(3) 产品设计要有针对性，在设计之初要确定设计的目标人群，并依据目标人群的特点制定具体的设计策略。如同样是自行车的设计，根据使用对象的不同可以分为童车、老年代步车、女性用车、男性用车等不同的类别，由于目标人群的不同，其设计标准也不尽相同。

(4) 产品设计要符合使用者的正常使用动作标准，不鼓励用户采取非常规的动作对产品进行操作，以免造成使用过程中的伤害和过度疲劳。

(5) 产品设计必须通过必要的手段，如语义提示等为使用者提供一些使用帮助和产品反馈信息。如电子产品的设计中，当使用者按动开关时，开关会改变状态(如凹陷等)，并且周围会有灯光的提示信息(如开关周围发光或者有单独的提示灯)表明开关的状态。

2. 人机工程学的研究方法

由于人机工程学是一个综合性的交叉学科，其研究方法必然带有交叉学科的特点，即综合了多种学科的研究方法，既有继承又有发展，以此构成了其研究方法多样性的特点。就产品设计领域来说，人机工程学的研究方法主要包括如下几个方面：

(1) 实际测量法。这是从人体测量学借鉴过来的方法，主要包括静态尺度测量、动态测量、力量测量以及生理变化测量等多个方面。通过实测法提取的人体数据可以用来直接指导设计。

(2) 模拟实验法。设计师可以通过模型对产品的使用状态进行模拟，以此来对设计的尺寸、造型、功能实施进行检测，发现问题并及时进行整改。这种方法可以有效地提高设计的准确度，保证为使用者输出合格的产品设计。模拟实验法中使用的模型可以是标准比例的实体模型，也可以是通过计算机辅助设计创建的虚拟模型，但无论是何种模型，都要保证其尺寸和比例上的可信度和代表性，才能对产品设计起到实际的示范指导作用。

(3) 调查研究法。对于人机工程学中一些难以测量的项目，如涉及使用者的感觉、知觉和心理指标等方面，就无法通过测量的方法获得定量分析的数据。这时，就要用到定性分析的方法，如调研法。调研法是通过对一定数量的特定人群样本进行宏观研究，有针对性地收集这些人群样本的消费心理特征、设计偏好、产品的使用习惯等。然后对收集到的资料进行归纳整理，寻找规律并应用于设计实践中，对设计起到必要的指导作用。

(4) 数据分析方法。无论是对目标人群进行调查研究还是数据测量，所取得的结果都有一定的离散度，这个时候就必须运用数学的方法对数据进行分析和处理，才能成为具有代表性和指导意义的数据库，为设计服务。

人机工程学是一种系统研究"人-机-环境"的设计方法，在这个系统中，三者相互作用、相互依存，共同构成和影响了整个设计系统的优劣。人机工程学为产品设计专业的设计研究提供了一种科学严谨的思路，使设计的分析方法由定性分析向定量分析转变成为可能，如最近广受业界青睐的感性工程学研究，即和人机工程学有着千丝万缕的联系。当然，随着科技的进步和社会经济生活的变迁，设计的对象也在不断发生着变化，与此同时，人机工程学也在不断发展和完善其研究理论和方法。一些新的研究方向不断涌现，如现阶段炙手可热的交互设计研究，已经成为产品设计，尤其是基于软件设计的消费电子产品设计的主导方法之一。

第4章 产品设计的推广与评价

4.1 产品推广

产品推广是指企业或产品设计单位为了达到扩大产品市场份额，促进产品销售和提高产品知名度等目的，将产品的相关信息以一种快捷有效的方式传达给消费群体，以激发和鼓励他们产生购买欲望并力争将这种欲望转化为真实购买行为的过程。产品的相关信息包括产品的品牌形象、设计特点、服务优势等多个方面，而将消费者的购买欲望转化为实际购买力的过程是产品推广的重中之重。

通过有效的产品推广策略，可以快速提高产品的市场占有率，给竞争对手造成压力，并且据此快速反馈市场信息。消费者也会因为其推广活动而对产品有了更深入的了解，从而产生潜在的消费欲望。所以，市场推广的作用是显而易见的，一件产品没有很好的包装和推广行为，则很难在激烈的市场竞争中取得一席之地。当然，产品要想取得最终成功的决定因素还是其设计品质本身，如果没有高质量的设计，即便再好的推广策略，也不会成功。

决定有效市场推广的关键因素包括广泛的市场调查、明确的产品定位、完善的管理制度、专业的营销策略。

4.1.1 市场调查和产品定位

市场调研的内容已经在本书前面的相关章节中予以介绍，这里不再赘述。但这里将要进行的一个新话题是，随着科学技术的发展，尤其是信息互联网技术的变革，很多新的信息处理方式和信息结构分布方式涌现出来，从物联网、云计算、车联网，再到如今的大数据，这些都可以对企业管理和产品开发策略产生影响。

以大数据为例，它指的是一种"巨量资料信息"，其信息规模巨大到使我们无法使用常规的处理方式进行计算和处理，而是需要在新的处理模式下进行运算才能发挥其决策力、洞察力和优化力。对"大数据"进行合理的加工，可以快速获取有价值的信息，应用到各行各业中，引领时代的变革和成为新的经济力量。如美国洛杉矶警察局曾和加利福尼亚大学合作利用大数据预测犯罪事件的发生；麻省理工学院利用手机定位数据和交通数据来进行城市交通规划；甚至美国的统计学家利用大数据来预测美国大选的结果等。

对于商业设计来说，该如何利用大数据原理来进行个性化营销呢？如社交网络产生了大量的用户，其用户的注册信息和活动记录都可以成为大数据的分析对象，甚至，用户群体的聚类特征和情绪表达也可以被记录下来。通过深入挖掘这些信息的潜在价值，都可以作为产品开发的参考信息。将用户进行精细的划分，准确命中目标用户，正是大数据所擅长的领域，而这也是一般意义上的市场调查所不容易取得的结果。所以，一个先进的产品企业一定要充分利用不断兴起的新技术、新观念，并用来为产品决策和产品设计服务，否则就会因为跟不上时代的步伐而举步维艰甚至被淘汰。

4.1.2 设计管理的重要性

设计管理是指根据消费者的定位和需求，有计划、有组织地对产品生产过程进行研究和管理的活动。设计管理是一种综合系统的管理活动，包括对设计师设计思维活动的引领和调动，也包括对企业经营策略和产品开发过程的控制与管理。所以，针对设计师具体设计工作层面上的管理和针对企业经营层面上的管理成为设计管理的两个方面。在这里，主要就企业对新产品设计开发与推广而进行的辅助性工作进行一下介绍。

(1) 企业必须有自己的设计战略管理，企业的设计战略应提升到企业经营战略的高度。尤其要重视并有效利用工业设计的手段，提升公司产品开发能力和市场竞争力，提升公司形象。企业的设计战略要根据企业自身具体情况进行规划，并进行长期规划。

(2) 企业要有自己的设计目标管理，合理的设计目标的确定不但要遵循企业的设计战略，还要参考市场调研的结果。企业确定设计目标管理的目的是为了使设计能够符合企业的整体目标，吻合市场预测，以及确定产品设计与生产流程的时间安排，保证产品能在合适的时间生产并投入市场。

(3) 企业要对设计流程进行管理，目的是为了对产品在设计生产过程中进行监督，以确保设计的进度。设计流程往往被分为若干个阶段，包括产品从需求的提出到回收利用等各个环节。管理者还要在确保设计进度的前提下，协调产品开发者与各方的关系。

(4) 企业要对内部的设计系统进行管理，以保证设计师工作效率的最大发挥，保证产品开发活动的正常进行。设计系统的管理包括对系统内部设计师的管理和设计部门与其他部门人员的协调管理。对于前者，应制定合理的奖励政策和竞争机制等，激发设计师的工作热情和效率，并充分发挥设计师的创作灵感；对于后者，应理顺设计部门与企业领导的关系、与企业其他部门的关系等，使设计开发工作在进行过程中都能够得到整个企业的合力支持。

(5) 企业应重视设计质量的管理，以保证设计方案从提出到生产的各个环节都能够得到有效的监督和控制。设计质量的管理包括设计中的程序管理和设计后期的生产管理等多个环节。对于前者来说，应该强化并明确设计的程序与方法，在程序的每一个环节进行设计评价，集思广益，有效控制设计的质量；对于后者来说，应保证设计部门与生产部门的沟通和合作，对生产过程进行监督，对设计中不符合生产要求的细节进行调整。

(6) 企业应该重视知识产权的管理，因为对于知识产权的尊重，是一个现代创新型企业的必然要求。一方面，企业应该保证自己设计的原创性，不会发生侵犯他人知识产权的情况。对于一个企业来说，应该设立专门的知识产权管理部门，广泛搜集相关产品的信息资料，并对自己的设计进行知识产权方面的审查，避免上述情况的发生。另一方面，我们更应该对自己的设计作品进行专利保护，防止别家企业侵权行为的发生，而如果发生了侵权的行为，应该适时拿起法律的武器进行维权。

4.1.3 产品的营销策略

营销策略是企业为了销售产品或者服务，以消费者和市场的需求为出发点，根据经验和细致的市场调研获取市场的期望值和购买力的信息，从而有计划地组织企业的各项经营活动，制定合理的策略，为市场提供满意的商品和服务的过程。

营销策略包括价格策略、产品策略、渠道策略、促销策略和宣传策略等。价格策略指产品的定价，主要根据产品的生产成本、市场容量、同类产品的竞争情况等方面来给产品定价；产品策略指产品的品牌定位等，包括产品设计、包装、色彩、企业形象的运用等，力求使产品具有自己的特色，给人留下深刻的印象；渠道策略指产品流动的通道或者销售的方式，可包括直销、分销、经销、代理等，企业应根据自身情况和市场情况选择合适的渠道；促销策略指企业采取一定的手段来增加销售额的策略，如折扣、返现、积分、抽奖等；宣传策略指企业产品通过宣传机构曝光，扩大影响力以寻求提升企业或产品影响力和信任度，并最终促进销售的策略。企业可利用电视广告宣传、产品发布会、参加展销会、网络宣传等多种手段对产品进行推介。

1. 产品营销的技巧

产品的营销与良好的管理同等重要，企业在为市场提供优秀设计作品的前提下，如何通过市场营销来提高产品的销量是一个关键的问题。下面提供几种有助于提高销售成绩的策略技巧。

(1) 不断寻找新的需求市场。产品的销售有赖于市场的接受度，当产品的目标市场达到饱和或者用户的需求发生转移的时候，如果企业不想对产品进行更新换代的话，就要探索开发新的市场。如小米手机在中国市场上取得巨大成功后，为了开拓业务，开始将目光瞄准了海外市场。而欧美市场是苹果和三星的天下，小米手机很难介入，在这种情况下，小米转而开发亚太地区的市场，并将印度作为其拓展全球市场的重要部分，成果斐然。再如计算机在刚刚兴起的时候主要用于科研院所的研究之用，后来个人电脑的出现打破了这种局面，其普及率越来越高，以至于人们谈到电脑，就默认理解为个人电脑，殊不知，个人领域是计算机最初所忽略的潜在市场。总之，通过开拓新市场可以使产品找到新的销售渠道和潜在用户，从而提高产品的销量。

(2) 多种渠道进行销售。目前，很多企业拥有自己的多种销售渠道，如一些传统企业，除了将产品交由经销商进行销售之外，还在各地建立直营店，或者以较低的批发价格卖给需求量大的客户。而一些新兴的企业则对互联网销售情有独钟，不少企业采用线上销售和线下销售两种模式。线上销售指通过电商平台进行网络销售，线下销售仍旧采用传统的销售模式，两种方式各有优势，可在具体的销售过程中进行优势互补。

(3) 提炼产品的营销点。所谓营销点，可以是产品不同于竞争产品的独有特点，比如性价比高、造型美观、售后服务好，或者具有创新性等。一件产品若想取得良好的市场反响，必然要有其独到的优势。一个企业或产品若想取得长久的生命力，创新能力是必须具备的。创新是一切事物向前发展的源动力，以创新为主导的企业会不断探索新事物发展的可能性，会不断改良自己的产品以迎合目标市场的潜在需求，甚至会通过产品去引领消费者的生活习惯乃至创造一种新的生活方式。在这方面，苹果公司可以成为创新型公司的典范。

2. 产品营销的基本原则

(1) 诚实守信原则。诚信是一切交易行为能够保持长久的根本，也是企业商业道德的重要标准。企业的诚实守信包括产品质量要可靠、广告宣传要符合事实、价格要合理以及交易过程中要履行相关责任等。

(2) 合理获利原则。合理获利是指企业在获利的同时不应损害其他各方的利益。如不应损害消费者利益，不应产生对社会不好的影响，不应传播负面影响的价值观等。

(3) 和谐共生原则。这要求企业在营销推广的过程中，不应搞恶性竞争，大打价格战，最终造成两败俱伤的结果，还会破坏外界对行业内规范的认识。如很多设计公司为了招揽设计业务，一味地降低设计费用，不但公司赚取不了多少利润，还会造成全行业议价能力的降低，损害了整个行业的利益。所以，市场营销中的和谐是指要正确处理市场各要素之间的关系，互利共赢，共同维护整个行业的利益。

3. 产品营销手段

产品营销的手段有很多，且随着社会的发展会不断有新的营销手段产生，作为企业经营者，应该综合利用多种手段，选择适合自己的营销策略。

(1) 知识营销。知识营销是指通过向大众宣传及推广产品的设计理念和技术知识，让消费者从心理接受产品的优点，从而激发出购买欲望的方法。

(2) 网络营销。网络营销是利用互联网的传播特点，对产品进行线上销售的方式，如小米公司网络抢购的方式和淘宝上的网络卖家们所采用的方式就是网络营销。

(3) 绿色营销。绿色营销是指企业在生产和销售的各个环节都会努力贯彻环保的理念，通过这种方式给消费者形成一种绿色、无公害、无污染的企业形象，从而迎合了消费者对于保护环境和维护个人身心健康的诉求。

(4) 个性化营销。个性化营销是一种完全以消费者的个性需求为中心的产品推广策略。企业与消费者之间往往通过个性化需求分析、个性化定制等方式生产和销售产品，满足用户的个人品味和个性需求。这种方式不适用于需要大批量生产的企业，但对于某些行业尤为适用，如奢侈品的定制服务、礼品定制服务等。

(5) 创新营销。创新营销是指企业利用创新的设计观念、营销观念、组织观念等，不断调整自己的产品策略和营销策略，使整个产品的开发销售处于动态创新的过程当中。如有些公司通过不断推出新产品来保持市场的新鲜度，以此来确立自己行业先行者的地位。

(6) 整合营销。整合营销是指通过整合生产者和销售者的思想，协调使用不同的传播手段，联合向消费者展开营销活动，寻求激发消费者购买积极性的因素，达到销售的目的。

(7) 联盟营销。联盟营销鼓励消费者加盟企业，加盟者可以享受不同于一般消费者的产品和服务。如有些企业吸收消费者为企业会员，通过会员折扣、组织会员活动、积分兑现等方式使消费者获得部分利益从而刺激了产品的消费。

(8) 大市场营销。大市场营销是指企业为了进入特定的市场，综合运用经济、政治、公共关系等手段以取得各方面支持的营销策略。如一个外企若想在中国销售产品，就需要熟知中国的法律和人文特点，其产品还需得到相关部门的认证和许可。

总之，产品营销应立足于公司拥有优良的产品和公司自身的特点，基于社会责任感和诚信态度，以敏锐的目光和判断力准确抓住市场需求，并运用多种手段扩大产品的销售。好的营销策略可以促进产品的销量，但不能代替产品的生产。作为设计师来说，应该在熟悉产品营销策略和营销手段的前提下进行系统设计，并自觉将设计过程与产品流通的其他环节进行结合。

4.2 设计评价

一件设计作品的好坏由谁来决定？好设计的标准是什么？要回答这些问题，就要涉及设计评价的内容。一个客观、公正的设计评价体系的建立是设计专业良性发展的必然要求，这会让设计师在进行工作时有据可依，从而更加理性、高效地完成设计任务。但设计的评价标准是具有历史性的，它总是和当时的经济、文化、技术、审美，甚至社会伦理观念等客观条件息息相关，尤其一个评价体系的构建更是社会文化和社会关系的综合把握。如果我们熟知设计的历史，诸如"形式追随功能""少即是多""布劳恩设计十原则"等不同时期的评价标准，或由单个设计师提出进而影响整个设计界，或是著名设计公司的设计法则推而广之。无论哪种方式，都代表了在当时具体的历史文化背景下人们的认识标准。而在当代社会，工业设计专业得到了前所未有的重视和发展，其与社会文化各个层面不断产生交集，生发出很多新的设计方法和思潮。比如基于人们对环境污染认识而大力倡导的绿色设计，致力于对设计受众进行人性化关怀的无障碍设计和通用设计，以及深入挖掘用户心理和关怀用户情感的体验式设计等，都对我们的设计评价体系提出了新的要求和规范。

4.2.1 设计评价的原则

4.2.1.1 以用户为中心的设计

用户是产品的终极受用者和体验者，所以用户的建议是最直接和有效的评价标准。但用户的构成是非常复杂的，一件设计作品无法满足所有用户的需求，且不同的人对于同一件产品的评价方式、标准和关注点是不同的。这就要求设计评价的标准要能够满足不同用户的评价维度，使他们都能够找到适合自己的感受层面的标准。这些标准包括美观、好用和富于情感等。

1. 美观的设计

"美"的体验应该是一切经过设计的人造物带给受众人群的第一个印象，产品设计的过程就是创造美的过程，产品设计的第一要务是用美学观点将构成产品的要素进行排列组合从而让产品看起来"不那么讨厌"。所以，所谓"美"，是人们看到一个美好事物时被唤起的心理体验，这个体验是多层次的，包括造型、色彩和良好的触觉等，从这个意义上来说，视觉所观察到的"美"还只是其中的一部分。

产品设计活动是一个复杂的综合性活动，创造具有美感的产品是其第一步也是其必要环节。如果一件产品并不能给人带来适当的美感，纵使再好用和高科技，也不是一件合格的设计作品。那么，什么是"美"的设计呢？美的东西不是喧闹和张扬的，不是过度包装和渲染，而是要"适度"。

适度的设计是符合大众审美的设计。因为设计美学从来不是研究某一个人对于美的感受，而是对大众审美的规律性总结和探究。工业设计是基于标准化和大批量生产的设计活动，其产品必然要面对一个群体而不是某一个人，所以其设计美学也必须要遵循着一些共同规律和原则。在这一点上，设计不同于艺术创作，与"为大众而进行设计"的原则不同，艺术创作多是艺术家个人情感和审美情趣的一种表达，并没有标准的限制。

适度的设计是与产品所处环境相协调的设计。只有将产品放置到具体的环境中使用才能得到对其最客观有效的评价。美好的设计都是能够与使用环境达到良好的协调性。试想，如果我们将医疗器械的色彩设定为热烈的红色，而造型极尽夸张之能事，且不说患者看到这样一件器械能否安心接受治疗，就是与医院整洁素雅的环境也无法协调。

适度的设计是具有历史性的设计。如前所述，设计作为一种具有历史性的社会活动必然要带有现实中的文化元素，并受到当时技术条件的制约。但对于"美"的认识是具有传承性和延续性的，反观设计历史中的那些经典设计，它们中的大多数即便放到现代，也仍能让我们赏心悦目，散发着经久不衰的美感。以作为我国家具设计巅峰时期代表的"明代家具"为例，每一件作品都堪称家具设计的杰出代表。现代很多人都在研究明式家具，中国明式家具协会就是致力于明代家具设计、研究和推广的专业协会。而对中国明式家具进行研究的先行者却是一个叫古斯塔夫·艾克的德国人，艾克教授经过十几年悉心研究，出版了第一部系统研究明式家具的著作，为该领域的研究做出了不可磨灭的贡献。

总之，"美"的概念看起来不可捉摸，但也要遵循一定的原则，这些原则与工业设计专业的本质密不可分，如批量化和为大众而设计等。同时也要符合一定的社会伦理观念，比如绿色设计和关注弱势群体的设计等。所以，"美"的传达是产品系统对人们心理的综合作用力，而不单纯只是造型、色彩等触手可及的元素。而作为设计师，则要做"有道理"的设计，并力图让自己的设计能够经受住社会道德、大众审美乃至时间的考验。

2. 实用的设计

任何产品都具有一定的功能，功能是用户需求在产品上的物化体现。产品的功能也是随着时代的发展不断拓展其内涵的，包括满足人们生理需求的功能、满足心理需求的功能以及满足情感需求的功能等。

最初的产品功能主要体现在为人们的工作和生活服务中，产品的这些功能多是实现了人们身体无法达到的目的，可看做人类身体部分的延伸，如拐杖、剪刀、衣服等。实际上，当我们的祖先使用石头打制第一件用来捕猎的石器的时候，设计的这种功能就出现了。人们通过不断改进设计手段，创造出了各式各样能代替人类身体的工具。高速交通工具如汽车、飞机的出现，使人们运动的速度得以成千上万倍地增加(图4.1)；无线通信工具的出现，使人们可以随时随地与远隔天涯的人取得联系；手电钻、园林剪刀等手动工具的出现使人们的双手能够完成各种复杂的操作……这样的例子不胜枚举，但它们有一个共同的特点，即都是将人类的生物本能最大化，满足了人类生理上的需求。

图 4.1　高速列车设计

但随着人们生活水平和认识水平的提高，产品的作用就远不是满足生理需求那么简单了。比如一个医疗器械的设计，当患者带着紧张焦虑的情绪躺到某个治疗仪上的时候，设计的作用应该是抚慰使用者的心灵从而消解患者的紧张情绪，所以，一个好的设计应该能够满足人类的心理需求。这个时候，产品的功能就得到了一定程度上的升华，它们与人的关系不再是简单的使用与被使用的关系，而有了更多交互的关系在里面。再以椅子的设计为例，如果只从产品的生理需求来说，它只是一个用来"坐"的工具，但实际上，人们对椅子的需求除了"坐"的功能之外，还可能会有"倚靠""包容"等心理诉求(图 4.2)，此时，椅子便被附加了更多附加功能，而对其进行再设计的可能性也增加了。

图 4.2　"摇摇椅"的设计

当一个人渴望并且能够与一件产品进行交流时，产品的情感需求便被提上日程。还以椅子为例，当一个人坐到上面的时候体会到了"母亲般的温暖"或者"贵族般的尊荣"，那么，可以称这把椅子是一件富于情感的设计。人们总是将自己的某些感情需求、人生信仰、道德追求、地位象征等等附着到其所使用的物品上，以此来表达情感、表明身份等。所以，有的时候，手表所扮演的角色并不全是一个看时间的工具(图 4.3)，汽车也并不只是一个代步的交通工具。设计的作用也被夸大并向更深入的方向发展，人们也更加

第 4 章　产品设计的推广与评价

113

关注设计背后的东西，也乐于将设计品置于人们情感链条中的某个环节。在这种背景下，交互设计应运而生，人们赋予了产品更多的主动权，使其在我们的生活中扮演了越来越重要的角色。

图 4.3　手表已经成为一种身份的象征

3. 易用的设计

实用的设计并不能等同于易用的设计，前者强调了产品的功能，后者则重在说明使用者是否能够轻易地掌握产品的使用方法。

易用的设计是诚实的，它应该一目了然，让使用者无需经过复杂的培训就能够掌握其使用方法。生活中存在太多"故作高深"的设计，尤其一些"黑箱化"的电子产品设计，要特别注意操作方法上的语义传达。在这方面，设计语义学和人机工程学可以帮助设计产品只靠自身的造型语言和界面设计就能够解释清楚自己的功能。

易用的设计是无障碍的，它应该关注弱势群体的需求，给他们的生活带来便利。所谓弱势群体并非特指那些身体障碍者，在特定情况下，每个人都有可能是障碍人群。比如去一个陌生的地方，就有赖于设计合理的公共设施和导视系统来提供帮助；又如处于生理期或孕期的妇女，其行为能力都弱于常人，是否会有相关设计去辅助她们完成某个动作？即便是一个身体健康的年轻男士，在他工作劳累的时候，也处于一种较"弱"的状态，此时仍需一个好设计来作为其生活的帮手。无障碍的设计总会给人们的生活带来某种便利，这体现了一种人文关怀。

易用的设计是简洁的，越简洁的设计越真实。简洁不只是形式上的去装饰化，也包括功能上对于"泛设计"的抵制。简洁的设计应该是直达设计本质的设计。产品上所体现的任何用以表现的元素——点线面等，都应该有明确的设计语义和指向性，否则就是毫无功能意义的装饰。当然，这里所指的设计是能够满足大批量生产和符合大众审美情趣的设计，而非那些小众的，带有强烈个人色彩的设计。事实证明，设计离"个人"越近，其装饰化倾向越明显；简洁的设计应该是功能目标明确的设计。一件设计作品不可能解决所有问题，作为设计师，要擅于从繁杂的问题目录中选择最合适的目标问题，而不是面面俱到，将产品设计引向"泛设计"的泥沼。这样做最直接的后果就是造成设计的定位不明确。我们生活中有很多这样的例子，为了迎合用户的不同需求，为一件产品设定有多种功能，到头来连设计师都忘记了这件产品的核心功能是什么。但本书并不是单纯地反对"多功能"式的设计，如果这些功能有着统一的指向性或者可以在一个共同的大目标要求下去解决各个小问题，也会是一个纯粹的设计。在这方面，瑞士军刀就是一个很好的例子(图 4.4)。

图 4.4　典型的多功能设计——瑞士军刀

4.2.1.2　以市场需求为导向的设计

对于商业化设计来说，市场是检验设计好坏的准绳。无论是 20 世纪五六十年代美国的"有计划废止制"还是战后日本的设计产业振兴计划，都逃脱不开对于商业设计准则的遵守与推崇。在经济社会发展过程中，商业策略与设计方法的结合是将设计推向历史舞台，刺激经济发展的重要途径。近年来，我国也多次在国家层面上鼓励和支持发展创意设计产业，尤其政府"要高度重视工业设计"的声音已深入人心。海尔、联想等较早重视工业设计的民族企业已经尝到了重视设计所带来的丰厚经济回报，未来，必然有更多的企业将工业设计作为其企业发展的核心竞争力。

但一切以市场的导向为准则，不加鉴别，一味迎合市场的需求，也会产生一系列的问题。20 世纪中叶的美国，为了刺激消费，设计所扮演的并不全是光鲜的角色。在"设计追随商业"的指挥棒下，形式主义设计泛滥(图 4.5)，很多商品还没有达到使用期限就被废弃，造成了大量浪费的同时还引发了严重的环境问题。直至今日，这种现象还在继续。只追求商业利润的设计往往偏离了设计的本质，它们不再关注人的核心需求，不再遵循"形式追随功能"的现代主义信条，没有系统设计的思想，不考虑设计废弃之后如何处理废料等问题，总之是一种短视的行为。

图 4.5　美国的形式主义设计

　　那么，我们就不要商业设计了吗？设计师应该将商业设计规范到一定的框架之内，追求利润最大化固然没有错，但也要遵守设计的原则。如认真分析并发掘设计用户的真正需求；运用绿色设计的原则指导设计的整个过程，做有社会责任感的设计；紧随科技的进步和技术的发展，不断调整设计的方向和表现形式，使设计产业朝着健康的方向发展。

　　评价一个商业设计的好坏，也不应单纯以创造多少经济价值来衡量，而要建立一套综合系统的评价体系，这样，才不会让设计"唯利是图"，而丧失了设计的原则。如詹姆斯·戴森最初设计的气旋式吸尘器(图 4.6)并不被当时的欧洲市场所看好，后来几经辗转来到日本，其事业才逐渐得到了转机，其后成立戴森公司，并把他的创新设计带到了全世界。所以，一味迎合市场的设计未必就是好设计，设计师的理想状态应该是引领商业而不是迎合商业。苹果设计则是另外一个鲜明的例子，苹果的每一次创新，都会引领一波商业设计潮流。Imac 的出现改变了人们对于个人电脑一贯的"白色家电"的固有印象，而 Iphone 手机的横空出世则使人们体验到大屏触控手机操作的乐趣。

　　总之，所谓商业需求，本质上还是"人"的需求，只要我们能时刻关注产品终端用户的思维、审美和社会心理的变迁，就总能找到新的商业设计诉求点。

图 4.6　戴森吸尘器设计

4.2.1.3 具有社会伦理价值的设计

设计从来就不是一个单独的行为,无论将设计放置到经济环节中,还是放置到社会环节中,都将是一个综合的系统行为,是与其他经济和社会要素紧密联结的环节。所以,设计的社会伦理性必然存在。

好的设计应该引领着人们健康积极的生活方式。众所周知的是,设计可以改变人们的生活方式,这种改变有的时候是突破性的,有的时候是改良性和引导性的。如电话的出现就突破性地使人们能够在遥远的距离内完成语音的传送(当然后来还有视频电话),而移动电话的出现则更进一步解放了电话线对人们的束缚,算是电话的改良。同样的例子还包括由蹲便器到坐便器的改良,改变了人们如厕的习惯。这些改变都是有益的改变,它们使人的生活更加便利,或者养成更好的生活习惯。再比如小便池中的"苍蝇"(图4.7),就是很好的能够引导人们良好行为的设计,据说根据权威机构的统计调查证明,机场里面的小便池因为这只"苍蝇"的存在,使厕所清洁工的工作量减少了近50%,个中缘由,诸位男士们,你们懂得!

图 4.7 引领人们行为习惯的设计——"小便池中的苍蝇"

当然,还有一些设计给我们的生活造成了困扰,如图4.8所示的公共汽车座椅设计,就没有经过严谨的人机工程学计算,想当然地确定座椅之间的固定尺寸,使乘客受尽了"夹板气"。

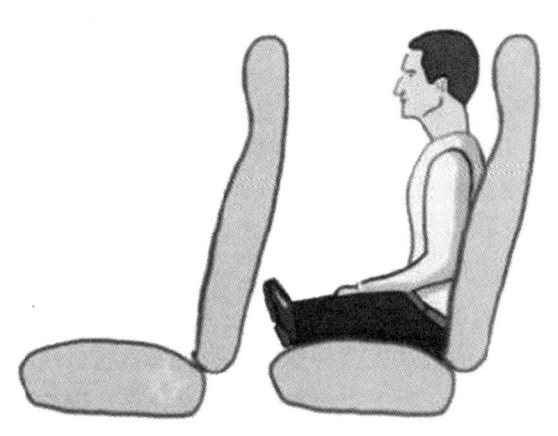

图 4.8 失败的公共汽车座椅设计

好的设计应该是可持续性的设计。整个产品的设计系统包括设计、生产、销售、废弃、再利用等多个环节,每个环节都应该牢固树立绿色设计和可持续设计的理念,从而减少污染、降低能耗、合理再生、避免浪费。设计应承担起应有的环境责任意识,只有这样,才能达到人与环境的和谐发展,既要满足当代人的利益和设计诉求,又兼顾了后代子孙的利益。

4.2.2 设计评价的方法

对于设计进行评价的方法有很多,不同的方法其评价的标准和程序有所不同,这里仅列举几种常用的方法以飨读者。

1. 坐标法

坐标法是将产品的属性按照坐标的方向进行布置,坐标轴的每个方向代表一个属性标准,将抽象的产品属性图像化。而每个属性的权值可以自主设置;如用 0~5 的数字表明产品体现该属性满意度的分值。如图 4.9 所示(见彩图),是用坐标法对两款桌面空气净化器的设计进行评价的结果,二者的属性分别用不同的颜色加以区分,最终坐标中覆盖面积较大的方案综合评价较高。

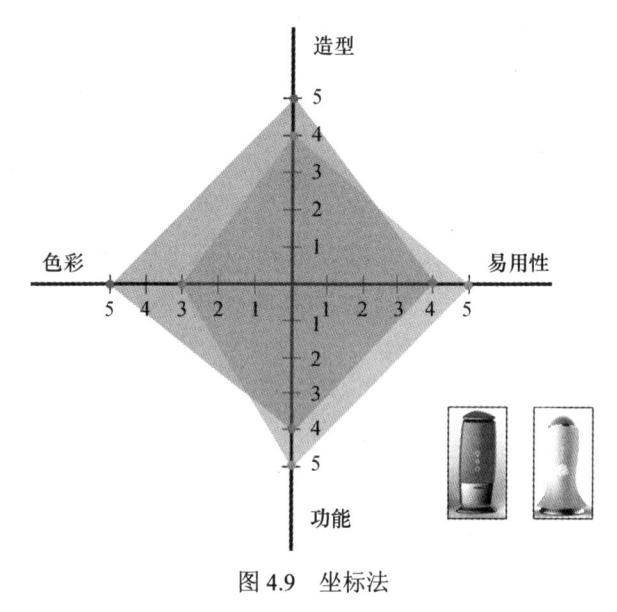

图 4.9 坐标法

2. 点评价法

这种方法的实施比较简单,即将各评价对象的属性制作成列表,并根据属性的完成情况分别用不同的符号粗略评价。我们可以自行设定符号代表评价的等级,如a(优)、b(良)、c(差),等评价完毕后对产品进行综合考量。按照这种评价方法,对三款桌面空气净化器进行评价,结果如表4.1所示。

3. 感官评价法

感官评价法是指靠人的直观感觉(包括视觉、听觉、味觉、触觉等)对产品的外观、色彩、材质等方面进行评价的方法。这种评价方法较为直接、快捷,可操作性强,但由于主要靠被试对象的主观感受作为评价标准,所以难免失之偏颇,这就对评价结果的整理和分析提出了更高要求。

表 4.1　点评价法

属性 \ 方案	方案1	方案2	方案3
造型美观度	a	b	b
功能合理性	a	b	a
色彩宜人性	a	b	c
实现可行性	a	a	a
操作易用性	b	b	c
对环境无害	a	a	a
成本控制合理	a	b	a
维护便利性	b	c	a
总结	6a+2b	2a+5b+1c	5a+1b+2c

4. 评分法

评分法是基于一套独立确定的评价标准，在此标准之上，根据被试者的经验和设计准则，对产品进行分类别、分层次的评价，这是一种循序渐进、不断细化的评价方法。在评价的过程中还可以借鉴同类产品的评分标准，以提高评价的可信度。具体的评价过程如图 4.10 所示。

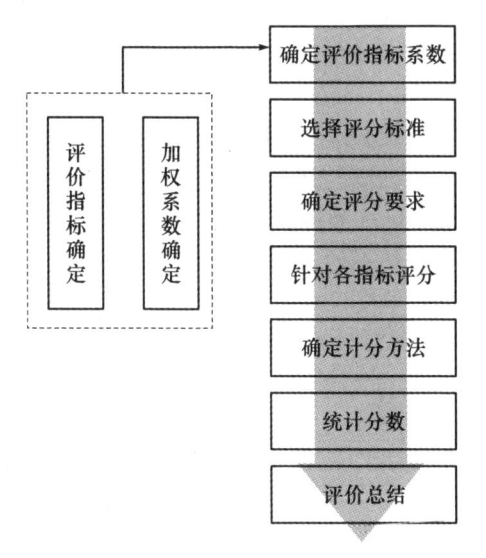

图 4.10　评分法评价过程

5. 模糊评价法

模糊评价法是基于模糊数学原理的评价方法。在产品设计过程中，为了节省成本和避免因为前期设计的缺陷对后期制作产生麻烦，就要在设计各个阶段对产品进行定性的评价。由于定性评价是一种模糊评价方法，不需要精确计算出特定的数值，所以，完全可以用模糊数学理论为指导去分析产品设计的属性。而且，模糊评价是一种综合评价，可以在评价过程中考虑多种因素的影响。模糊评价的过程如图 4.11 所示。

建立因素集合　　（如技术性评价、经济性评价、生态环境评价、市场评价、效益/风险评价等）

建立评价标准集合　　（如优秀、良好、中等、较差等）

建立权重集合　　（设定各评价因素的权重值，保证各权重值的综合为1）

发放评价表

对产品进行模糊评价

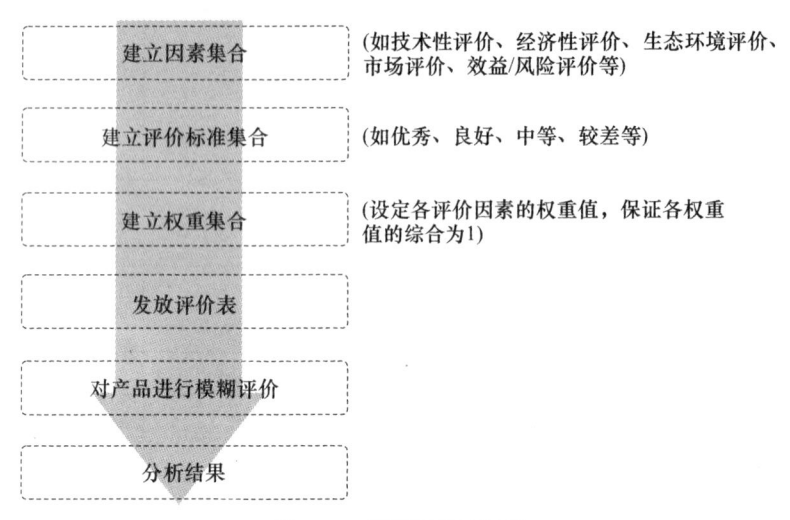

分析结果

图 4.11　模糊评价法过程

6. 群决策评价法

工业设计所解决的问题是一种复杂的多解问题，设计的每一个环节都可能衍生出不同的问题，这是因为工业设计是一个综合性的边缘学科，包含着各交叉学科的大量相关信息。如在设计的创意阶段，会涉及创造学、美学、工学等知识；在设计的分析阶段会涉及人机工程学、材料学、色彩学等知识；而在设计的实现阶段则会涉及材料加工、计算机辅助制造、模具等专业知识。所以，对设计的评价不应只以某一个学科的知识为准则，而要结合各不同专业背景的评价标准。从这个意义上来说，作为主观性较强的设计评价，个人的评价标准往往不能全面地定义一个产品的设计质量，这时就要引入"群决策"的概念。

群决策是指评价者们针对共同的问题给出他们自己的观点，然后分析这些观点以达到统一性，一旦统一性达成，则产品评价就可以进入群决策的程序。如图 4.12 所示，群决策的过程是一个不断反复和修正的过程。

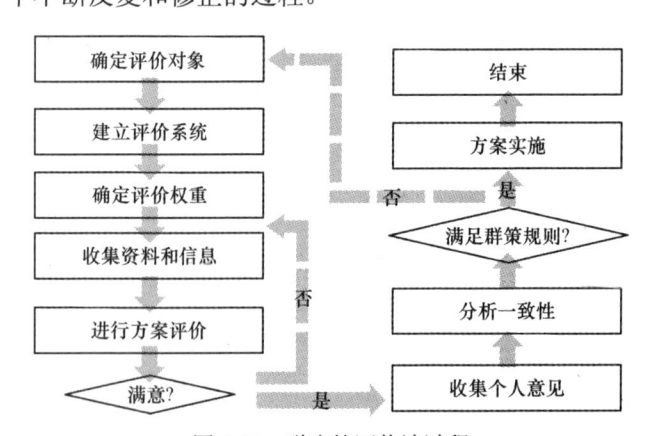

图 4.12　群决策评价法过程

第5章 产品设计实例

5.1 电子类产品设计

5.1.1 车载读卡器设计

1. 设计要求

● 产品功能

设计一款应用于公交系统中的读卡器(如公交车、地铁、有轨电车等),主要功能有:读取乘客公交卡中的信息;显示刷卡金额和卡中余额;显示电子地图,标示车辆行驶路线等。

● 产品风格

设计简洁,符合电子产品特点,并且风格应适用于车辆的内部环境,要能体现出交通工具的设计语义特点。

● 材料工艺

塑料开模,局部可以使用装饰件。

● 功能部件

LCD 液晶显示屏；刷卡区；提示灯；便于固定于公交车栏杆上的穿孔。

2. 设计分析与结果

造型设计上，从公共交通工具设计中提取造型元素，具体体现在：以公共交通工具的正面设计布局作为出发点，提取前挡玻璃、进气格栅、车灯等部位的造型元素，与读卡器的功能设置进行匹配。如将前挡玻璃异化为读卡器的显示屏，进气格栅的位置异化为读卡器的刷卡区，车灯异化为读卡器的指示灯。造型整体采用大弧度的圆角处理，体现出亲和、友好的界面感觉。由于该设计的设计语义均出自公共交通工具的造型设计，所以从语义传达上较为符合设计的对象和使用场所。

细节设计上，整体采用塑料材质，刷卡区和屏幕周围饰以金属色嵌件，在提升产品科技感的同时主要为了将功能区与其他部位进行区隔，便于使用者对功能区的识别。颜色上采用米黄色与深灰色进行搭配，米黄色能够传达出温暖的语义，应用到公共服务场所会给设计受众带来温馨的感觉，且与车厢内的整体氛围相协调。深灰色属于无色系，与米黄色搭配能起到烘托正面色彩的作用，是比较安全的颜色。

结构设计上，预留了纵向和横向两种方式的穿孔细节，可以给产品的使用提供两种不同的固定选择方式，既可以固定到横杆上也可以固定到竖杆上。

5.1.2 音箱设计

1. 设计要求
   - 产品功能

   设计一款音箱，主要用来输出电脑音频效果，要符合音箱电子产品设计特点。主要功能包括外放音乐、存储音频文件等。

   - 产品风格

   要求造型能够体现个性化，符合年轻人的审美习惯，可以从目前流行的事物(如影视作品、服饰、卡通形象等)中吸取设计灵感。但主副音箱风格要统一，体现整体性的设计。

   - 功能部件

   USB 接口、SD 卡、两个 LED 灯用以显示状态、主音箱一个、副音箱两个、主面板无导风管。

   - 产品尺寸

   主机最大外形尺寸：宽 170mm×250mm；深度：300mm。

   副机最大外形尺寸：宽 95mm×150mm；深度：120mm。

   - 材质要求

   主、副机用木箱。

2. 设计分析与结果

   设计灵感来源于"变形金刚"，在满足设计尺寸和功能要求的基础上，音箱的主面板设计较多地体现了变形金刚"脸部"的设计元素。为了体现这些元素，采用了钻石切割的手法，同时保证切割后的每一部分体现造型的美感。

   音箱的主副机采用木材质，尺寸和形状均固定，所以可供发挥的地方主要体现在面板的设计上。面板材料选用铝材质和亚克力塑料相结合，两种材料无论在肌理上还是在颜色上都能够形成强烈的对比效果，增加了产品视觉表现上的层次感。两个用以显示状态的 LED 灯设计成"变形金刚"的"眼部"细节，位于两种材质交界的位置，除了保证造型上更加接近于设计原型，也能为整个面板增加设计亮点，成为视觉中心。

   由于主面板无导风管设计，可以让面板造型显得更整体。在主副音箱面板设计的统一性上，采用一致的造型线，如中线的棱边，面板上下沿向内收敛的切割斜面等。同时为了突出主面版的设计，副面板采用弱化、虚化的处理手段，色调选择也较为保守，材质选用网面的纱布，和主面板高亮的风格形成了鲜明的对比。

   总之，该设计采用了联想设计的方法，将变形金刚中的动画角色借用到音箱设计中来。为什么选择变形金刚的元素？因为其中的诸多角色已经深入人心，尤其对于某个年龄阶段(比如 80 后)的用户群体来说，变形金刚是他们童年回忆中很重要的一部分。所以，这是一种典型的"搭顺风车"的做法。但元素的直接借用是不行的，还需要根据设计的目标(音箱)进行元素的整合，使之能够符合音箱的造型设计特点，并且要符合音箱的结构、材质和尺寸要求。而设计师的工作重心正在此处。

5.1.3 车载空气净化器设计

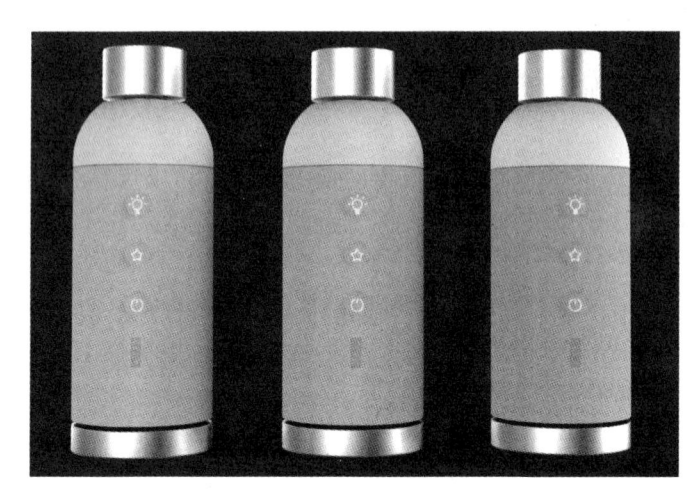

1. 设计要求

● 使用环境

这是一款车载空气净化器的设计,所以,设计要符合车载类产品的特点,方便放置和拿取,并且其尺寸要遵循汽车内部的相关尺寸要求。

● 产品风格

设计风格清新,既要有电子类产品的特点,科技感又不要太强,应给人以温暖的感觉。

● 使用方式

为了增强产品的操控感和操作时的"确定感",本净化器采用"实体按钮"的操作方式,并且简化了控制流程和数量。其控制面板主要有三个按键,分别为"打开/关闭运行指示灯""负离子强度调节"和"电源开关"等。

2. 设计分析与结果

该净化器的设计风格定位为简洁、清新与温暖感,灵感来源于中国传统的保温容器"暖水瓶",并对其进行再设计,将净化器和暖水瓶的设计元素进行选择与整合。

从造型上来说,设计整体风格取材于"暖水瓶",并以明确的分割线(结构线)对造型的功能部分进行划分,分离出进气口、出气口以及主体部分。三部分的语义都没有逃出"暖水瓶"的功能分割,分别对应着瓶底、瓶塞和瓶身三个部分。所以,净化器造型上的设计继承和提炼了暖水瓶的设计元素,并与净化器产品的设计语义进行了充分的融合。

从功能实现上来说,暖水瓶的使用状态和净化器的运行模式也有一定程度上的契合度。试想,净化器在使用过程中,气流由底部进气口进入,经过层层过滤,最后通过出气口排出的状态正与暖水瓶掀开瓶塞后,不断逸出的水汽相像。这完全是一种使用情景和意境上的契合,这种体验感或者画面感的存在,能够让使用者产生很多微妙的心理感受,也在一定程度上拉近了使用者与产品之间的距离。

从产品材料上来说,为了实现产品小清新与温暖感的定位,需要从材质上进行充分的考虑。整个产品的材料主要由塑料和硅胶组成,塑料体现在产品的主体设计上,硅胶体现在产品的手持部分，包括产品的操控面板。这类似于一个带有硅胶套的保温杯的设计，让人触摸的时候有一种温暖的感觉。同时为了体现产品的科技感，除了造型风格的简洁化处理之外，还将其进气口和出气口的部分材质进行了金属化喷涂处理，使产品在视觉上有了鲜明的材质对比，增强了层次感。

5.1.4 臭氧发生器设计

1. 设计要求
- 使用场所和功能

该产品主要应用于厕所，用来祛除厕所产生的异味，并能进行臭氧杀菌，保持环境清洁。除此之外，该产品还配备有小夜灯功能，能够在夜晚起到一定的照明作用。
- 成本控制

该产品为简单电子产品，需塑料开模，且模具数量不要超过三件(局部可以使用装饰件)。
- 产品风格

产品设计风格简洁，既要符合电子产品特点，又要具有亲和力。

2. 设计分析与结果

该设计两款方案均采用圆角矩形作为产品的总体造型特征元素，目的是为了体现产品圆润、简洁和具备亲和力的造型风格。

产品由三部分组成，可根据造型特征分为三个模具，其一为上壳，其二为下壳，最后为小夜灯罩壳，最大限度地减少了出模数量，节约了成本，但设计质量并未因此而大打折扣。将出氧口和小夜灯进行了巧妙结合，并将灯饰部件设计为整个产品的点睛之处，而出氧口又可以成为重中之重，既节省了设计成本，又使产品具有了视觉中心。

为了迎合产品大弧线圆角矩形的整体风格，产品的侧边也采用大弧度倒角的处理手法，使整个产品如鹅卵石般圆滑，给人以非常良好的视觉体验，让人有一种想要抚摸的意愿，由此，产品的亲和力得以体现。

最后，为了打破产品过于平整柔和的外观特点，将指示灯、产品 Logo 以及装饰性的圆点作为打破产品界面平衡的关键要素。将指示灯放置于产品的侧边，可以使产品看起来更加灵动；尤其要提及的是装饰性圆点的布局设计，这些无实质功能性的装饰圆点可以使产品界面看起来更加丰富。当然，这是一个冒险的做法，纯装饰性元素的使用会使界面上的语义传达产生误差，给使用者带来不便。所以，即便是装饰性的元素也应该具备界面设计的功能性，比如起到视觉上的强调、突出或者规范视觉元素的目的。

5.1.5 共振音箱的设计

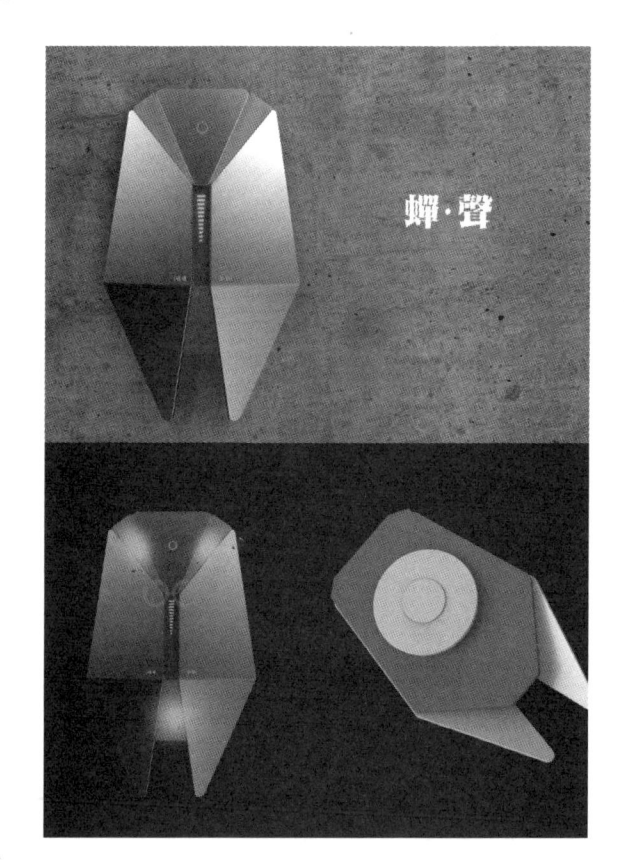

1. 设计要求

● 产品原理

共振音箱是以其所接触的介质表面的振动来传播声音，而非传统靠空气振动的方式，它不需要有喇叭，所以，共振音箱具有更大的设计余地。

● 造型特点

造型应符合电子产品的特点，设计应生动，趣味性强，适合家居环境。

- 使用方式

可以采用桌面式或者壁挂式的方式。

2. **设计分析与结果**

这是一款壁挂式的共振音箱设计,设计灵感来源于"蝉",是一个仿生设计案例。在设计的过程中,通过运用"心智图法"围绕"声音"关键词进行思维的发散,广泛联想能够与声音建立关联的事物。之所以最终选择了"蝉",有如下原因:

其一,同样是声音的传播,蝉的"鸣叫"与音箱的"发声"有着强烈关联度,所以,选择蝉作为音箱的"代言人"再合适不过。

其二,蝉的自然特征(形态)具有较大的设计余地,可以与音箱的功能设置进行有机融合。

其三,蝉的存在状态(贴附于树干上)能够满足音箱"壁挂式"的设计诉求。且从心理感受上讲,这种安排也顺理成章,人们很容易接受一只趴在墙面上的蝉,因为蝉的形象并不容易引起人们的反感情绪(这一点不同于苍蝇、蚊子之类)。

综上所述,蝉的形象选择能够满足使用者对于壁挂式音箱的几乎所有合理的想象,且蝉的自然属性决定了其具有很大的设计价值。于是,我们将蝉的身体进行简洁的风格化处理,广泛采用钻石切割的设计语言,使之符合电子产品的特点;将蝉的眼睛异化为音箱的指示灯,同样进行几何化的处理;为蝉的翅膀赋予调节音量和切换歌曲的功能,只需拉拽翅膀的边缘轻轻旋转即可完成操作;当然,蝉的背部嵌入小尺寸显示屏,可以用来即时显示音箱的播放状态。音箱的共振源位于蝉的底部,这正是与墙面接触的部位。而蝉的翅膀则处理成拉丝金属质感,更增加了其与身体部位材质和色彩的对比,使其造型在视觉上更具层次感。

5.1.6 旋·音箱

1. **设计要求**

- 设计一款传统音箱。
- 要求使用环保材料。
- 设计风格可参考日本"无印良品"设计。

- 设计要节省成本。

2. 设计分析与结果

该设计由深泽直人先生的"CD播放器"启发而来，通过一种较为"原始"的方式——转动旋钮，来控制音箱，激发人们的怀旧心理。

在该设计中，设计者尽量用最少的元素来展现产品的功能，如刻意将"旋钮"放大至整个产品的大小，最大限度突出了"旋"的语义。材料选择廉价环保的竹材，因为竹材获取方便，生长周期短，且加工方法成熟。而竹子本身也与"声音"有着某种内在的关联，比如竹子经常被用来制作各式各样的乐器，再比如清风拂过竹林所发出的清幽的声响总能将人带入一种曼妙的意境中去。所以，使用竹材作为音箱的主要原料还有一种回归产品本质的意义。

总之，这是一个"音箱"的设计，整个设计由一个旋钮来控制开关和音量调节，除此之外没有任何其他的设置。这种"适可而止"的设计思想正体现了无印良品所倡导的自然、简约、质朴的设计理念。

5.2　文创类产品的设计

5.2.1　并蒂莲·调料罐

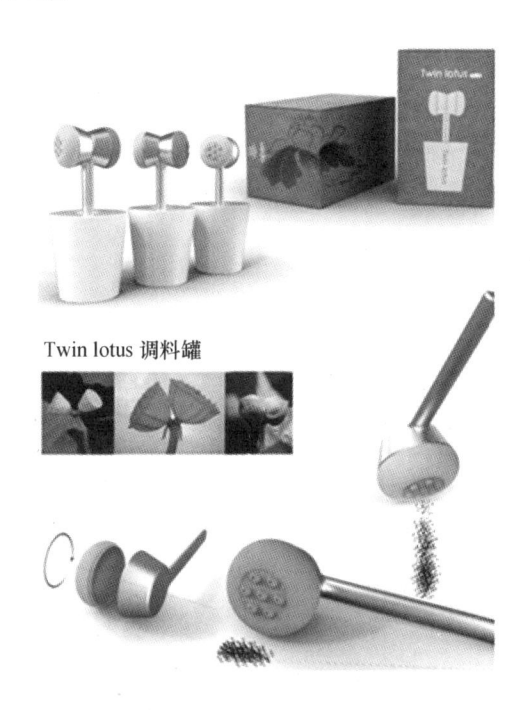

Twin lotus 调料罐

1. 设计要求

- 设计一款趣味性的调料罐，要求由多个部分有机组成，能够分装不同的调料，且设计为一个整体。
- 设计要具有装饰性，无论是使用状态还是放置状态，都应能体现足够的美感，且能够很好地融入家居环境中而不显得突兀。
- 要求有包装设计，且包装应朴实大气，使用环保材料。

2. 设计分析与结果

经过分析，我们需要选择那些由多个相似部分构成的，而又自成一体的事物作为设计的来源。这样的事物有很多，以植物界为例，如大蒜(整体的大蒜以及蒜瓣)、桔子(整体的桔子以及橘子瓣)等，可以列举出很多。其实这些都可以作为设计的素材，但我们更想选择那些具有一定象征意义的元素，而且单体的数量不必太多(大蒜瓣的数量显然超出了)。这个时候，我们想到了并蒂莲。

在中国古代，并蒂莲被视为吉祥、喜庆的象征和善良、美丽的化身。并蒂莲常用来形容夫妻恩爱、百年好合或者兄弟情同手足、感情深厚等。在晋朝的乐府诗中，更有"青荷盖绿水，芙蓉披红鲜。下有并根藕，上有并蒂莲"的佳句传诵于世，可见，并蒂莲乃是莲花中之极品。

该调料罐的设计以"并蒂莲"作为造型来源，除了语义上的象征意义之外，重点强调两种不同调料的"亲密"关系，这样会保证设计的整体性。同时为了区分不同的调料，将"并蒂莲"的主体(莲蓬)部分设计成了不同颜色。想象一下，当用户在使用这个调料罐的时候，"并蒂莲"定会像情同手足的两兄弟一样亲密无间、通力合作，出色完成任务。

莲蓬上面规律排列的突起的"莲子"正好充当了调料的出口，这个恰到好处的安排正好解决了产品功能和形式的对应问题。而这个对应也很容易为使用者所认同，我们猜想没有人会面对着那些突起的带有圆洞的部位而不知所措。这便是语义传达的力量。

在包装设计上，选择牛皮纸作为包装材料，因为牛皮纸符合该设计对于包装的定位：朴实、低调、结实耐用。更为重要的是，它很环保。

5.2.2 天塔·石蜡灯

1. 设计要求
- 设计一款具有天津地方特色的礼品设计。
- 设计要求简洁、实用、节省成本。
- 设计受众主要针对学生群体。

2. 设计分析与结果

该设计取材于天津的地标建筑——天津电视塔，运用设计的手段，将天塔轮廓元素进行加工，去繁就简，并对其比例进行调整，演化为一款灯具设计。

这个过程中，对设计元素的加工和处理比较重要。原则上，既要保证设计原型(天塔)的重要特征，又要将一些与设计无关的细节元素去掉，才能使设计作品看起来简洁而又具有明显的地域特征，而这也是礼品设计的必然要求。因为带有地域特征的礼品设计并非是对一些地方特色的缩小产物，如长城、故宫、埃菲尔铁塔等，针对它们的礼品设计必然是取其最有价值之元素，进行提炼加工。

在产品的材料设计上，选择成本低廉的石蜡作为原材料。石蜡具有加工方便、成本低、透光性好的特点，并且根据需要，有丰富的颜色可以选择，能够作为礼品灯具的生产材料。

5.2.3 儿童坐具设计

1. **设计要求**
- 产品功能

设计一款儿童坐具,同时能起到收纳玩具的作用,并且界面温和,使用指向性明确,设计要对儿童的身体不构成伤害。

- 产品风格

设计造型、色彩和使用方式要符合儿童产品特点,符合儿童对造型、色彩的认知习惯。

- 设计材料

设计材料选用PP塑料。

2. **设计分析与结果**

由于该设计是一款儿童用品设计,所以从造型的角度上来说,最好采用仿生设计的方法,从自然界中寻找设计的灵感来源。设计要求为一个坐具设计,联想到与坐有关的自然物中,树桩、树杈、马背等与坐有关的形象会首先跳脱出来。经过权衡,选用树桩作为造型来源,因为考虑到该坐具设计还要兼顾收纳的功能,树桩造型可以设计成对称状态,操作起来会更加方便。且选用树桩作为设计元素,还可以有一定的附加情感因素,如可以唤起大家的环保意识,具有一定的设计教育意义等。

功能实现上,该设计可以分为两个主要部分,即作为"盖子"存在的坐具主体部分和作为收纳空间存在的底部空间。同时,产品的使用可以分解为两个状态,其一为扣上盖子的状态,其二为打开盖子的状态。在前一个状态下,设计整体可以作为一个坐具而存在,同时,"树杈"两端的圆形入口可以用来向坐具内部投放物体,从而实现收纳的功能;在后一个状态下,取下的盖子同样可以作为坐具而存在,同时底部收纳的空间可以一览无余,取拿方便,满足孩子存放玩具的需求。另外,该设计"树杈"造型的两端方便使用者握持和搬运,造型和功能达到了统一。

颜色设计上,考虑到儿童对色彩的认知习惯,选择明度和纯度比较高的颜色,产品上下两部分采用统一的色调。

5.2.4 文具设计

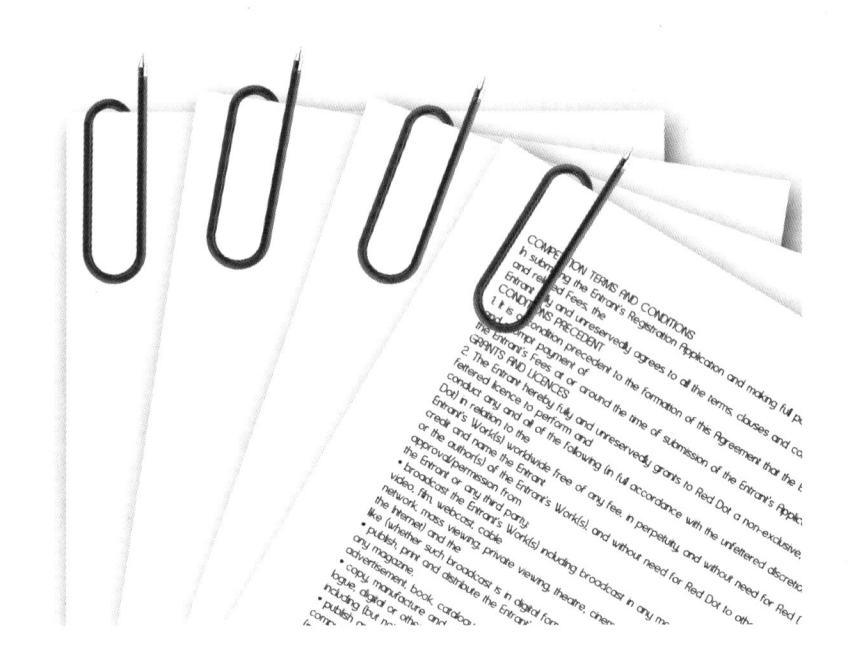

1. 设计要求

● 拟解决的问题

当我们在整理文件的时候，经常需要手边有一支笔，用来随时记录一些信息，这是第一个诉求点；但笔的存在如果不跟其他物品产生关联的话，则很容易丢掉。设计一个不容易被遗忘的记录工具，则是这个设计的第二个诉求点。所以，如何将记录工具与文件进行结合，是设计师要解决的关键问题。

● 产品功能

能够用于文件的归纳整理；能够作为记录工具来使用；能够方便取放，不易丢弃。

2. 设计分析与结果

设计师为这款设计取名为 Clip pen，顾名思义，是指该设计能起到曲别针和笔的双重作用。

如前所述，当整理文件的时候，曲别针是我们的好帮手，但是，我们经常需要随时记录一些东西，这就需要一支笔，随时携带一支笔并不是一件轻松和方便的事情，我们要面临经常丢失笔的尴尬情况。

Clip pen 通过将笔芯处理成曲别针的造型，从而将曲别针和笔进行结合，方便人们在管理文件时能够随时对信息进行记录，而不用额外准备一只笔。该设计也能有效解决笔的丢失问题，节约了办公室成本。

这是一个典型的依靠"缺点列举法"和"移植设计法"进行创意设计的案例。首先通过找出现有产品的缺点，确定设计目标，然后运用移植设计的方法找到解决问题的方法。设计师在设计的过程中经常需要综合运用多种设计方法进行设计创意的发散和设计问题的解决。

5.2.5 "中华龙舟大赛"奖杯设计

1. 设计要求
这是为一个奖杯设计征集比赛所做的提案设计，其设计要求如下：
- 以中国龙的头部为主题，进行奖杯造型设计，表现形式不限，使用软件不限。
- 造型端庄、健康向上，突出中国龙的传统神韵，适合用作大型体育赛事奖杯。
- 设计时需考虑材料及加工工艺，便于后期奖杯的制作。

2. 设计分析与结果
本设计以抽象的龙形为主要设计元素，借鉴了中国传统的回形纹图案，并融合到龙形设计当中，同时借鉴了中国印作为奖杯的载体。该设计主要有如下几方面的寓意：

(1) 回形纹是中国传统的吉祥图案，表达了源远流长、生生不息、九九归一、止于至善的中华民族优秀文化精髓，寓意中华龙舟大赛经久不衰，在弘扬中华民族传统体育文化事业上具有持续恒久的推动力。

(2) 中国印作为中国汉文化的典型符号，能够代表中国精神、中国气派和中国神韵，这一具有鲜明民族特性的符号象征了中华龙舟大赛的地域特征。同时印章在中国是一种权威的象征，将印章创造性地应用到奖杯设计中来，恰恰体现了该项龙舟赛事的权威性和高级别。

(3) 该设计通过抽象表现手法提取的中华龙形象取自蟠龙造型，蟠龙在中国传统文化中有盘旋飞翔、蓄势待发之意，造型虽不张扬，但内在充满力量。他龙头高昂，身体蜷曲，仿佛随时都要飞腾而去，其动静结合的造型特点正是那些龙舟赛上运动员的漫画像。

(4) 设计整体造型简洁，加工方便，可分为三段分别进行加工，中段采用水晶材质，上下部分可用金属工艺加工方法，如采用锌或铝合金的压铸方法进行加工，表面可采用电镀方法生成不同的材质效果。

5.3 装备类产品的设计

5.3.1 汽车尾气检测仪设计

1. **设计要求**

● 主要功能特点

(1) 符合国家 GB/T 18285—2005 标准。

(2) 采用部分光红外吸收法原理测量汽车排放废气中的 CO、HC 浓度。

(3) 配置 7 英寸 LCD 液晶显示屏，支持多种语言操作菜单。

(4) 配备 RS-232C 数字串行通信接口，方便联网。

(5) 具备怠速、双怠速测试功能。

(6) 可配置打印机，打印时可输入、输出车牌号码及时间。

(7) 具备 500 组以上数据存储功能、查阅功能。

(8) 可选配逆变器、随车检验油温和转速检测。

(9) 可针对以天然气、液化气和汽油三种能源为燃料的车辆进行尾气检测。

● 取样方式

尾气：直接取样，取样管长度 5m，取样探头长度 900mm。

油温：温度传感器插入发动机机油尺孔中，插入长度与油标尺长度相同，用橡胶塞堵死，以防机油喷出，导线长度为 5m。

转速：非接触型测量方法，只要靠近汽油发动机的高压软线距离不大于 20cm，即可测量汽油发动机的转速。

- 相关参数

尺寸：460×315×255(mm×mm×mm)。

质量：9.8kg。

2. 设计分析与结果

这是一个汽车检测类设备设计，设计的重点有三个：①设计中人机工程学的考虑；②产品操控界面的设计；③产品设计中的成本控制。下面分别加以讲解。

首先，从造型上来说，采用了仿生设计的手法，设计灵感取自一只昂首仰望的小动物。但这又不是单纯造型上的考虑，从人机工程学的角度上来说，其昂起的"头部"造成了产品操控界面与竖直方向保持了一定角度，正好与人在操作机器时的观察视角相吻合；而机器顶部黑色的管状提手设计也是该设计的亮点之一，有别于现有产品提手部分的设计，它可以使用户在移动该机器时腕部处于垂直状态，从而更加省力，就像拎一个"购物筐"一样。

其次，从界面设计上来说，主要是对显示屏、打印机和公司铭牌(Logo 信息等)三个组成部分的布局和排列。将屏幕置于界面的左侧，而将打印机放到界面右下角，非常方便一般操作者用右手来撕取票据的习惯。

最后，从成本控制上来说，本设计全部选用钣金来加工制作，无塑料嵌件(打印机和屏幕模块为标准购置件)，更无模具费用，整体风格简洁、统一，没有与产品功能无关的设计元素存在。

总之，这是一个检测类设备的设计，其设计语言遵循了该类设备的相关特点，但又有所突破，设计师为其加入了很多灵动的细节。其中，采用仿生设计的手法进行设计就已经使产品具备了和人进行"沟通"的能力，它打破了该类产品固有的刻板印象，转而生动起来，让使用者在操作时充满了乐趣。

5.3.2 交流式电动汽车充电桩的设计

1. 设计要求

● 产品功能

(1) 充电功能：按照国家相关标准提供额定电压 220V，最大电流 32A 的交流充电功能，充电插座采用按国标设计的 7 芯插座，通用性强。

(2) 多种充电方式：可选择定时间充电、定电量充电、定金额充电以及自动充满模式。

(3) 人机交互功能：配置单色 LCD 与按键人机操作界面。

(4) 计量计费功能：配备电子式多功能电表，能准确进行电能计量。

(5) 保护功能：具有完善的故障保护和报警功能，包括过压、欠压、过流、短路保护以及漏电保护等功能。

(6) 急停功能：具备急停按钮，在紧急情况时能够强行终止充电。

● 加工要求

产品推荐采用钣金加工，局部可使用塑料件。

● 造型要求

要体现科技感和具备流行时尚风格，简洁大方，识别力强，界面设计符合人机工程学。

2. 设计分析与结果

这是一款造型取自苹果"硬边风格"的充电桩设计，银色拉丝金属的边框设计使产品的科技感十足，且非常具有时代感。主体面板采用整体设计，由一整块深蓝色的钣金构成，操作部分向内弯折一定角度，满足了人机工程学对于操作者观察视角的要求。

边框左侧的三角形凹陷细节处用来放置充电枪，这一明显的转折处理也给人以功能上的提示，醒目而具有实际的功效。而深蓝色的面板配以明黄色的标识和白色线状文字，使充电桩的前面板颇具画面感。面板上方的照明灯设计使操作者即使在晚上也能够顺利完成充电。

另外，充电桩顶部完整无接缝的设计可以保证产品能够在放置到户外时不必担心雨水浸透的问题。

5.3.3 电动自行车设计

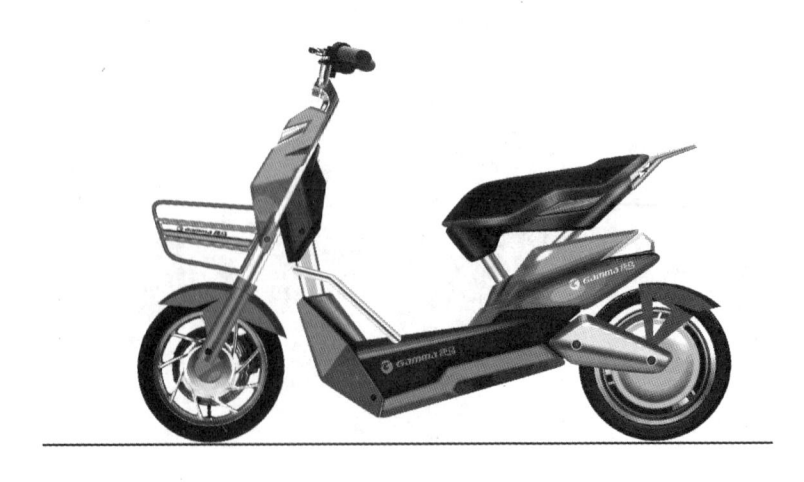

1. **设计要求**

   ● 设计定位

   该设计定位于20~30岁的年轻男士,旨在为那些追求个性交通工具的炫酷一族们设计一款动感十足的"酷车"。如果用三个关键词来形容该产品的设计定位的话,就是个性、时尚、科技。

   ● 设计风格

   如前所述,设计应能体现运动感与"炫酷"感,应能在车身设计中体现较多的时代元素,可从汽车车身设计中汲取灵感。有别于那些简易车的设计,这又是一款"包覆式"电动自行车的设计,需用到较多的塑料件,所以,零件设计的分模件与成本控制至关重要。

   ● 使用环境

   该车为城市用车(那些对使用电动自行车有限制的城市除外),一般情况下,路面状况较好,这就要求电动车的底盘与地面之间的距离不必如"越野摩托"般那么大。

2. **设计分析与结果**

   该设计紧紧围绕"酷车"的设计要求,定位于富于个性,对时尚和科技元素比较敏感的年轻人。通过搜集和查阅大量与产品目标人群相关的场景图片,借此分析和提炼目标人群中对个性、时尚和科技的理解与表达方式,并进一步提炼为设计元素以便应用到最终的设计方案中去。在本设计中,设计师分别就设计需求的三个方面进行解析。

   首先,设计的个性化方面,从摩托车设计中汲取灵感,通过大鞍座设计、个性化的前脸面板以及霸气十足的尾部细节,都能够使该电动车的造型从众多"标准化定制"的产品中凸现出来。而且,整车各个部分的设计元素具备关联性和统一性,如设计中反复使用的如肌肉般的块面元素构成,就使整车的力量感得到十足体现。

   其次,设计的时尚性方面,电动车的每一根线条都经过了认真的推敲和加工,线条之间相互协调,使整车呈现出了动感的流线型风格。其中,线条的协调性至关重要,设计师要善于将所有线条的动势进行规范化的统一,使所有线条的灭点都指向一个共同的地方。同时,电动车的底盘略微下沉并与地面有一定倾角,这与翘起的尾部相呼应,使整车显现出一种如猎豹般蓄势待发的动势,充满了生命体的张力。

   再次,设计的科技性方面,设计采用带有明亮颜色的烤漆与局部金属漆进行对比,在材质表现上体现了科技元素。同时,电动车刻意裸露的金属管也与整车的包覆式设计形成了鲜明的对比,这种结构的外露并非此款设计的专利,早在20世纪50年代以来的"高科技风格"盛行时期就已被当时的设计师们广泛使用。但在该设计中,裸露的金属管并非单纯是形式上的附庸,而都具备了一定的功能性,如减振与安全防护等。

   总之,该电动车设计在遵循个性、时尚、科技的设计需求的前提下,充分考虑到了目标人群的行为心理特点,是一款有别于传统电动自行车的个性化"酷车"设计。

5.3.4 低温薄层干燥机设计

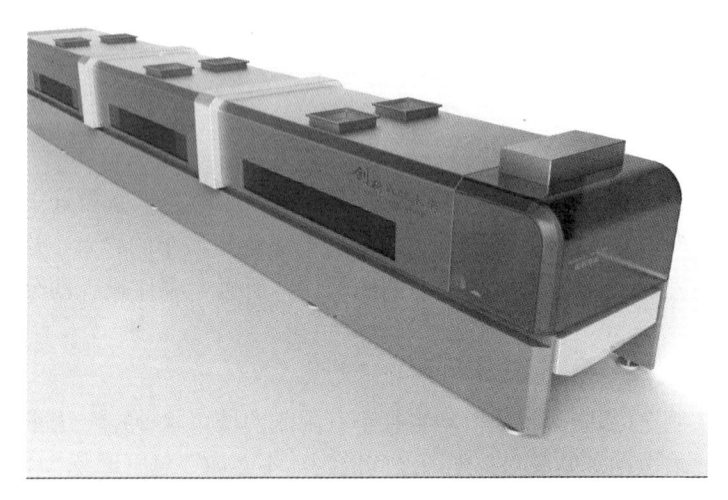

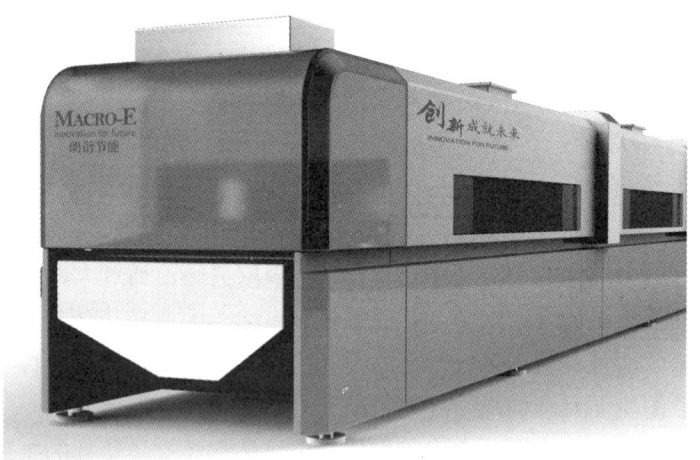

1. 设计要求

● 产品功能

设计一台大型轻工机械装备,该装备名称为"低温薄层干燥机",主要应用于食品加工或药材生产行业。其原理在于通过加热使物料中的水分汽化逸出,将物料湿度控制到行业所要求的标准之内,以满足对其进一步加工的需要。

● 产品风格

设计要符合食品机械的特点,具备效率感和整洁的外观,且由于设备尺寸较大,应考虑进行模块化设计处理。

● 材料工艺

以钣金作为产品的主体材料,以有机玻璃制作产品的局部细节,如观察窗等。

● 注意事项

因为该设备主要应用于食品行业,所以对设备的卫生状况有着较高的要求,对于那些在工艺处理过程中能够产生有毒物质的表面处理方式或经由加热能够产生有毒物质的材料要予以禁止。

● 先决条件

低温薄层干燥机的结构框架已经设计完成，整个机器分为布料模块、卸料模块、主体模块三部分，机器侧面配以观测视窗，用以即时观察物料在机器内部的干燥状态。

2. 设计分析与结果

本设计灵感来源于高速列车，因为无论从产品造型还是其构造上来说，干燥机与高速列车都有着很多共同的元素。

首先，从造型上来说，干燥机的体量和比例关系与列车有着很多相似的地方。比如，干燥机模块化的设计要求与列车标准化的车厢配置之间有着千丝万缕的联系；干燥机要求"效率感"的设计诉求与列车"速度感"的设计表现暗合。通过将干燥机与列车之间建立某种语义上的关联，使用者自然会将列车所体现出来的产品属性"准确无误"地传递到干燥机上，由此，其效率感得以体现。

其次，从产品的构造和布局上来说，干燥机布料模块、卸料模块分别处于机器的两端，原来的设计采用外露的方式，既不美观，也造成了卫生安全上的问题。在本设计中将其首尾两端异化为列车的头尾部分，采用包覆式设计，将内部结构用有机玻璃进行封装，在保证功能的前提下，实现了安全性和卫生性的要求。干燥机主体部分的侧面需加开观测视窗，这又与列车的车窗产生了语义上的关联。

最后，从使用者的操作体验上来说，操作"列车"自然要比操作一台毫无特点和语义指向性的机械带来更多的心理感受。这都源于"列车"已深入人心的产品特性和情境语言，所以，从这个意义上来说，将列车设计上的诸多元素应用于干燥机上，是一件"有利可图"的事情。

参 考 文 献

[1] 何人可.工业设计史[M].北京：高等教育出版社,2010.
[2] 刘国余.设计管理[M].上海：上海交通大学出版社,2007.
[3] 张峻霞，王新亭.人机工程学与设计应用[M].北京：国防工业出版社，2010.
[4] 诺曼.情感化设计[M].北京：电子工业出版社，2005.
[5] 许彧青.绿色设计[M].北京：北京理工大学出版社,2013.
[6] 宋思根.市场调研[M].北京：电子工业出版社,2008.
[7] 朱钟炎.设计创意发想法[M].上海：同济大学出版社，2007.
[8] 谭润华.TRIZ及应用——技术创新过程与方法[M].北京：高等教育出版社，2010.
[9] 刘永翔.产品设计[M].北京：机械工业出版社,2013.
[10] 陈慎任.设计形态语义学——艺术形态语义[M].北京：化学工业出版社,2005.
[11] 黎恢来.产品结构设计实例教程[M].北京：电子工业出版社，2013.
[12] 黄凯.设计评价[M].合肥：合肥工业大学出版社，2010.